奇龍族學園

經濟知識大探索

馮漢賢
陳文強 著

新雅文化事業有限公司
www.sunya.com.hk

目錄

奇龍族學園人物介紹

奇洛

充滿好奇心，愛動腦筋和接受挑戰，在朋友之中有「數學王子」之稱。

魯飛

古靈精怪，有點頑皮，雖然體形有點胖，但身手卻非常敏捷，最好的朋友是小他四年的多多。

伊雪

沒有什麼缺點，也沒有什麼優點，有一點點虛榮心。

小寶

陽光女孩，愛運動，個性開朗，愛結識朋友。

貝莉

生於小康之家，聰明伶俐，擅長數學，但有點高傲。喜歡奇洛。

海力

非常懂事，做任何事都竭盡全力，很用功讀書。

多多

奇洛的弟弟，天真開朗，活潑好動，愛玩愛吃，最怕看書。

布加

小寶的哥哥，富有同情心，是社區中的大哥哥，深受大小朋友的喜愛。

稀少性和競爭

搶購名牌運動鞋

小寶非常喜歡運動，每天都會去跑步，很快她那雙**運動鞋**就變得殘舊，鞋底也穿了個洞。於是，這天她約了貝莉一起到運動用品店，購買新的運動鞋。

在前往運動用品店的途中，小寶跟貝莉分享自己喜歡的運動員。「我很喜歡女跑手**瑪珊珊**，她是世界頂尖的短跑好手，去年更破了 100 米短跑紀錄。最近，她代言的運動鞋品牌推出了一對以她命名的運動鞋，剛好我的運動鞋也破了，今天我一定要將它買回家！」

她們邊說邊行，終於來到了運動用品店。然而，眼前的情景令她們十分驚訝——只見店門外有一條**長長的隊列**，看來他們都是為了購買瑪珊珊運動鞋而來的。

貝莉驚詫地說：「瑪珊珊真是很受歡迎啊……咦，那不是伊雪嗎？」

小寶往貝莉指的方向望去，發現伊雪也正在排隊。

「伊雪，原來你也想買瑪珊珊運動鞋！」

伊雪向她們揮手：「對啊！而且今天運動用品店還推出**折扣優惠**，原價 500 元一對的運動鞋，現在只需付 **350 元**就能獲得了。我已經在這裏排了五個小時，差不多輪到我了。」

「要排差不多五小時才能買到嗎？可是我半小時後

就要去補習了……」小寶瞧向後方那看不見盡頭的隊列，頓時垂頭喪氣。

伊雪看見小寶一臉失望，便說：「可惜每人**限購一對**，否則我可以替你購買。不過，如果你願意以**原價500元**購買，那麼你不用排隊，也能馬上買到。」

小寶歎道：「唉！雖然我不想多付150元，但是沒辦法，唯有這樣做吧！」

貝莉提議說：「小寶，不如我替你排隊吧，反正我今天**很空閒**，這樣你便不用付貴一點的價錢了。」

小寶睜大眼睛問：「真的可以嗎？你不想要這對運動鞋嗎？」

「其實媽媽上個月才送了我一對運動鞋，雖然不是名牌，但是穿起來很舒適，暫時不需要再買新的運動鞋了。」貝莉解釋。

小寶找到了解決方法，興奮地擁着貝莉說：「謝謝你！**大恩大德，沒齒難忘！**」

貝莉笑說：「不用這麼客氣！你快去補習吧。」

競爭數量有限的東西

經濟學看似是一門深奧的學科，但其實它與我們的生活息息相關，透過認識經濟學，我們更能理解社會是如何運作。

經濟學的出現，是源自一個名為「稀少性」的現象。由於我們想得到的東西很多，但是世上的資源是有限的，所以我們便會感到有所欠缺、有所不足。例如，人們希望獲得限量版運動鞋，或是心儀歌手的演唱會門票，但數量未必能夠滿足所有人的要求。在數量不足的情況下，我們便需要透過一些方式，來決定誰能獲得，這就引發了「競爭」。

故事裏介紹了競爭方式的兩大類——價格競爭與非價格競爭。價格競爭，顧名思義就是以價錢來競爭，即是誰付得起並願意付出金錢，誰就能獲得。例如，我們到超級市場購買物品，只要按照價錢牌來付款，就能將物品帶走。相反，非價格競爭則較為複雜，它是指不以金錢多寡來決定誰能獲得，即不是你願意付錢就能帶走物品，而是採用其他非價格競爭的形式，包括先到先得和抽籤等。小寶要以優惠價購買運動鞋，需要排隊和支付 350 元，這就同時包含了價格競爭和非價格競爭。

不同的競爭模式，會令不同的人佔優，例如價格競爭對富有的人有利，先到先得對較空閒的人有利，抽籤則對運氣好的人有利。

你問我答

之前爸爸排隊購買演唱會門票，這屬於價格競爭還是非價格競爭呢？

兩者皆是。要有足夠金錢才能購買門票，這是價格競爭的部分；同時購票者要預先排隊，先到先得，這是非價格競爭的部分。

價格競爭與非價格競爭，哪種方式較為公平呢？

兩種方式都會有利於某一類人和不利於另一類人，因此難以概括哪一種方式較公平呢。

我不喜歡競爭，有沒有辦法減少競爭呢？

人們競爭，是源於大家想要的東西不足夠。若然能夠增加供應，例如提高限量版運動鞋的產量，競爭自然就不會那麼激烈了。

競爭的準則是什麼？

小朋友，以下的東西會採用哪種競爭準則呢？請你用線把相關的項目連起來，然後說一說，哪種屬於價格競爭？哪種屬於非價格競爭？

學業優異獎

性別

名貴玩具

學業成績

主題樂園贈券（兒童）

年齡

男子乒乓球訓練班

足夠金錢

免費物品

世界上有免費的東西嗎？

夏天到了，魯飛媽媽這天帶着奇洛、魯飛和海力到沙灘暢泳。正當魯飛急不及待想跳進**碧綠清涼**的海水裏，海力突然叫停了他：「等等！快看這邊！」

魯飛回頭一看，只見不遠處有很多小朋友正在排隊，原來隊伍前是一輛雪糕車，而且掛上一塊寫着「**免費**」兩字的宣傳牌。魯飛興奮地説：「有**免費雪糕**！大家快來排隊！」

「除了雪糕，還有**免費飲品**，你拿完雪糕也來排隊吧！」奇洛邊説邊跑向派發飲品的隊伍。

三個小男孩享受過美味的雪糕及飲品後，打算在沙灘上曬曬太陽再去游泳。魯飛笑瞇瞇地說：「今天我們真夠運，在炎炎夏日，既吃到免費的雪糕，又喝到免費的飲品，一天取得了兩種**免費物品**呢。」

魯飛媽媽說：「『免費物品』一定是免費的，但免

費的物品就不一定是『免費物品』啊。」

魯飛托着腮問：「媽媽，我聽不明白，為什麼免費的又不是免費啊？」

「難道『免費物品』這個詞語有**特定意思**，就像火箭不是指一支點了火的箭，而是能發射到太空的工具？」海力問。

「沒錯，在經濟學上，『免費物品』是指數量足以滿足人們對它的慾望，沒有人想得到更多的東西。剛才免費獲得的雪糕和飲品，算是經濟學上的『免費物品』嗎？」

奇洛想了想，說：「應該不算，雖然雪糕和飲品是免費，但數量不足以滿足人們對它們的慾望，有些人會想**得到更多**，至少我們三個也想要更多。」

「奇洛真聰明，那麼你們能想到有什麼東西是經濟學上的『免費物品』嗎？」媽媽又問。

魯飛用雙手捧起一堆沙，說：「**沙灘上的沙！**它的數量足以滿足人們對沙的慾望，沒有人想得到更多。」

「對！」媽媽補充說，「我們在生活上經常會收到不少免費的物品，例如每天早上派發的**免費報紙**、母親節在街上收到的**花朵**，雖然它們都是免費，但這些物品也需要用**有限的資源**生產出來，所以不可以因為免費而濫用及浪費啊。」

海力突然站起來說：「我明白了！我下次不會因為免費而吃太多雪糕和飲品了。我肚子痛，要上洗手間！」

免費物品

在日常日活中，我們往往會收到一些免費的物品，但這些不用收費就能獲得的物品，跟經濟學上的「免費物品」是截然不同的。經濟學上的「免費物品」是指數量足以滿足人們對它的慾望，沒有人想得到更多的東西，例如地球上的氧氣。

不過，一些原本是免費物品的東西，在特定的情況下，可能會變成不屬於免費物品。地球上的氧氣是免費物品的典型例子，但有時候人們到一些高海拔的地方旅遊，如中國的西藏、雲南，以及尼泊爾、秘魯等，空氣中的氧氣會變得稀薄，遊客會花錢購買一些氧氣瓶，那麼這些氧氣仍屬於免費物品嗎？

若我們根據免費物品的定義去思考，就能得出答案：由於氧氣瓶的數量不足以滿足人們對它的慾望，人們都想得到更多的氧氣瓶，以維持呼吸暢順，這時候氧氣便不屬於免費物品了。

你問我答

同一種東西，有時是免費物品，有時又不是免費物品，這不是很難分辨嗎？

其實只要思考在某些情況下，物品的數量是否能滿足人們對它的慾望，就能夠分辨出它是否免費物品了。如果數量足以滿足，那物品就是免費物品；如果數量不足以滿足，那物品就不是免費物品。

為什麼「免費物品」都是免費的？

由於免費物品的數量足以滿足人們對它的慾望，所以人們便不願意付出額外的金錢去購買了。

人們會否儲存更多的免費物品？

免費物品的數量多於人們所需要，換言之，人們很容易便得到免費物品，所以一般都不會儲存免費物品的。

分辨免費物品

以下哪些屬於經濟學上的免費物品？請在方格內加上 ✔。

1. 免費報紙 ☐
2. 蒸餾水 ☐
3. 大海的海水 ☐
4. 北極的冰 ☐

利息

借錢要付利息？

星期六，貝莉到書店去，打算購買最新出版的《**魔法泡泡龍**》小說。甫進書店，她看見奇洛也在那裏，高興地上前打招呼：「奇洛，真巧啊，竟然在這裏遇見你。」

「啊！貝莉，見到你真好。」奇洛興奮地說，並向她展示手中的**電腦軟件**，「我想買這盒電腦軟件，但準備的錢不足夠，尚欠 **100 元**才買得到。可是貨架只剩下最後一盒了，你可以先借錢給我嗎？星期一上學時我便會還錢給你。」

「讓我看看……」貝莉拿出錢包，「我剛好有 100 元，可以先借給你，但你得答應我，兩天後必須還給我，否則我要收你**利息**呢。」

奇洛好奇地問：「利息？什麼利息？」

「我借了 100 元給你，這兩天我便失去了用這 100 元的機會，所以你要補償我的**損失**，例如我可以額外收

你 5 元作為利息。」貝莉頓了一頓，笑道：「不過，我們是好同學，當然不會收你利息，剛才只是説笑罷了，但你兩天後一定要還給我啊。」

奇洛爽快地説：「沒問題！謝謝你，貝莉。」説罷，他拿着貝莉的 100 元，迅速跑到收銀處付款。

貝莉買了圖書後，他們一起步行回家。

奇洛看到貝莉剛買的圖書，說：「啊，原來新一集《魔法泡泡龍》出版了，我也很喜歡這部小說呢！貝莉，你看完後可否借給我看？」

貝莉猶豫地說：「可以是可以，但我看書的速度不快，大概**一個月**才能看完呢。」

「要等一個月實在太難受了，我很想快點知道故事會怎樣發展呢……」奇洛轉動腦筋，想到一個好辦法，「不如你讓我先看，我付給你利息，送你一張精美的**卡通書籤**作為補償。我看書的速度很快，**一目十行**，兩天可看完這本書，星期一就能把圖書和剛才借的100元都還給你，這樣你的損失也不大啊。」

貝莉笑道：「看來你已經完全明白利息是什麼了，還能**活學活用**呢。好吧！看在你送一張卡通書籤給我的份上，就讓你先看吧。」

利息

在故事中，奇洛向貝莉借了 100 元。你可能會想，只要奇洛按時還錢，貝莉好像也沒有什麼損失啊。不過，正如貝莉所說，這段期間她失去了用那 100 元的機會，而奇洛則享受到提早購買到電腦軟件的好處。

朋友之間互相幫忙，這些得失當然可以不計較，但在我們的社會裏，要提早獲得資源，支付利息是很常見的事。利息就是借方提早獲得資源的成本，另一方面亦是貸方延遲消費所收到的補償。若貝莉真的收取 5 元的額外還款，這便是奇洛提早獲得資源的成本，亦是貝莉延遲消費所收到的補償。

利息不一定是以金錢作為單位，也可以是以物品作為單位，例如在故事中，奇洛送給貝莉一張精美的卡通書籤，這也算是利息，因為這書籤是奇洛提早閱讀新出版圖書的成本，亦是貝莉延遲閱讀圖書所得到的補償。

你問我答

在貨幣還未出現的時候，人們用以物易物的方式進行交易，那時候利息存在嗎？

當然存在。例如原始人甲擁有一棵蘋果樹，但他樹上的蘋果仍未成熟，而原始人乙所擁有的蘋果樹，樹上的蘋果已熟得甜美，於是原始人甲希望原始人乙先給他一個甜美蘋果，並承諾日後會還給原始人乙一個蘋果，以及額外獲得一隻雞蛋作為利息。利息不一定是以金錢作為單位，所以在貨幣還未出現的時候，利息也存在。

利息的多少是如何決定的？

利息的多少必須由借貸雙方去決定，不可以只是由其中一方決定。而借方是支付利息的一方，更加要考慮清楚自己是否有能力支付利息。

明白了，正如電視的廣告宣傳也有提到：「借定唔借？還得到先好借！」

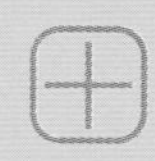

支付利息的例子

在我們的生活中，透過支付利息以提早獲得資源是十分普遍的。請你看看以下各個情景，並用線把對應的描述連起來。

銀行定期存款

銀行或財務公司借出資金並收取利息，讓企業獲得資金作擴充或周轉。

房屋按揭貸款

政府向有需要的大專學生提供貸款，學生可在畢業後分期償還貸款和利息。

企業貸款

銀行提供貸款讓借方購買房屋，借方按照每月供款額償還。

大專學生免入息審查貸款計劃

客戶在一定時間內不能取回存款，銀行向他們支付利息，以獲得資金作投資。

金錢和非金錢得益

真正的價值

快樂的暑假結束了，奇龍族學園的**新學期**展開。相隔了那麼久沒見面，各位小朋友都急不及待在小息的時候分享近況，**七嘴八舌**地討論在暑假所參與過的活動。

奇洛興奮地說：「這個暑假我參加了一個五日四夜的**歷奇挑戰營**，活動很豐富，有晚上遠足、營火會及飛索等，非常刺激！」

「奇洛真的很喜歡接受挑戰呢！」伊雪回應，「而我則去了日本旅行，這已經是我第三次到日本了，那裏真是一個美食天堂，我吃了很多新鮮的水果和海鮮，現在想起也**垂涎三尺**。小寶你呢？有沒有去旅行？」

小寶搖搖頭說：「沒有啊。暑假時我和爸爸一起去做**義工**，例如賣旗、探訪獨居老人、清潔海灘和植樹。」

魯飛噘着嘴巴說：「這怎算是暑期活動？義工服務那麼沉悶、辛苦，付出了勞力又**沒錢賺**，簡直把假期浪費了，我才不會去做義工啊！暑假時，我去了主題樂園遊玩和到海灘游泳，玩得很開心，還曬出了一身古銅色的皮膚呢。」說完，魯飛自豪地展現自己的膚色。

「我看沒有什麼大分別啊，魯飛你的皮膚本來就是**黃澄澄**的！」伊雪嘻嘻笑道。

大家都笑了起來，只有小寶一言不發。她好想反駁魯飛的話，但不知如何回應。一整天下來，小寶都**悶悶不樂**，回家後忍不住跟爸爸提起她與魯飛的對話。

爸爸聽後，微笑着跟她說：「做義工的確需要付出時間和勞力，卻又賺不了錢。不過，雖然做義工沒有金錢得益，卻有**非金錢得益**，如幫助人所帶來的**滿足感和快樂**。你還記得上次我們去探訪一個獨居婆婆嗎？」

「記得，婆婆行動不便，很少收拾清潔，所以家裏很骯髒。我們到訪時，還幫她打掃呢。」小寶回憶起來。

爸爸接着說：「婆婆只得她自己一個人生活，偶然有人去探望她，陪她說說話，她已感到非常開心。她還笑着對我們說，經我們打掃後，她的家真的變得**一塵不染**，當時你也感到非常快樂，不是嗎？」

小寶聽後，回想起婆婆的笑臉，原本煩悶的心情**一掃而空**，笑着說：「嗯！下次我們邀請魯飛一起去做義工，讓他也感受到**幫助別人**的快樂吧！」

經濟小學堂

金錢得益 VS 非金錢得益

故事中，小寶爸爸提到了「金錢得益」和「非金錢得益」，金錢得益指人們因作出某些行為而獲得金錢價值，非金錢得益指人們因作出某些行為而獲得金錢以外的價值，如快樂、名譽等。

人們選擇去做一件事情前，通常心中都會有一個「喜好」，這個喜好不單是利用金錢得益去計算，還會有其他的考慮，這些其他考慮就涉及非金錢得益。將兩者加起來的總得益，就是決定我們會作出什麼選擇的喜好。

以小寶爸爸帶小寶做義工為例，雖然做義工沒有金錢得益，但爸爸認為做義工可以幫助到別人，是值得去做的事情。況且，所謂「施比受更有福」，幫助別人除了令其他人得益外，自己也會感到喜悅，這是一種不可以用金錢來衡量的得益，經濟學家稱這種快樂為非金錢得益。因此，爸爸選擇去當義工，而放棄了在家休息或到其他地方遊玩，是有他的道理的。

你問我答

金錢是世界上最重要的東西嗎？

金錢當然重要，我們的衣食住行都需要用到它，但很多寶貴的東西，如爸爸媽媽對你的愛、做義工幫助人而獲得的喜悅，這些非金錢得益都是不能以金錢買回來的。

我們該如何選擇及分配時間？應着重在金錢得益還是非金錢得益？

小朋友很少機會賺取到金錢利益，因此現在你們應着重在非金錢得益上，但亦應該好好平衡，不要只沉迷在某一兩種活動，例如長時間玩遊戲機可能令你很開心，但這也會減少了學習、做運動或與家人相處的時間。

那麼大人應着重在金錢得益嗎？每天都上班工作，賺取更多的金錢？

賺錢雖然重要，但如果父母每天都去上班，便不能經常陪伴你們，享受天倫之樂。另外，父母是大人，卻不是機器人呢，不可以天天工作不休息，也要在工作和休息之間取得平衡。

布加的一天

布加過了快樂的一天，他在日記本上記錄了今天的經歷。日記上的顏色字為布加獲取的得益，請用紅筆圈出布加所得的非金錢得益，用藍筆圈出金錢得益。

我的一天

今天是學校的畢業禮和頒獎禮，我懷着興奮的心情上學去。在上學途中，我看見一位老婆婆正想過馬路，但老婆婆行動十分緩慢，眼睛好像看不清紅綠燈般，樣子十分彷徨，於是我走上前，協助老婆婆過馬路。老婆婆**稱讚我是一個乖孩子**，真高興呢。

頒獎禮上，老師宣布本學年成績優異獎的得獎者，得獎者可獲**獎盃一座**及**現金獎學金**。老師開始公布名單了，我的心怦怦在跳。聽見其中一名得獎者是我的時候，我開心得跳起來了。

回家後，我將這個好消息告訴媽媽，她也非常高興，給了我一些額外**零用錢**作為獎勵。這真是美好的一天！

共用品和私用品

一場誤會

小息時，奇洛看見伊雪獨自**鼓着腮**坐着，於是便問她：「伊雪，你看來有些不開心，發生什麼事呢？」

伊雪生氣地答：「我不懂得做數學功課，便請教貝莉，誰知她不肯教我，說自己也不太懂。哼，她肯定是怕教了我以後，**我變強，她變弱**，因此才不肯教我吧。」

奇洛疑惑地說：「怎麼可能呢？貝莉其實很樂於助人，而且即使你變聰明了，她也不會因此變笨啊。」

「奇洛說得沒錯。」二人回頭一看，只見比力克老師正走向他們，「伊雪，剛才我聽到你說貝莉不願意教你做功課，但只要你們明白『**共用品**』這個經濟學概念，就不會這樣想了。」

奇洛問：「老師，這是什麼概念啊？」

老師解釋說：「共用品是指一些即使你分享給別人後，自己也**不會有所損失**的東西。就像教別人做功課，

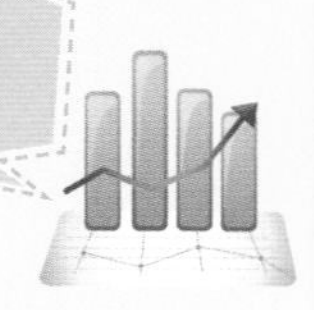

分享的是**知識**，知識本身就是一種共用品，貝莉不會因為教了別人做功課，而令自己變笨了。」

伊雪仍然深深不忿，繼續說：「不只是功課啊！昨天我看到她在吃**薯片**，問她可否給我一兩片嘗嘗，她馬上拒絕！難道薯片也是共用品嗎？」

老師想一想，說：「薯片在經濟學上確實不是共用品，當你吃了一片，對方能享用的就少了一片，這些使用後會令別人**使用數量減少**的東西，經濟學上稱為『**私用品**』。」

「看！她就是這樣自私，不願意分享！」伊雪**言之鑿鑿**地說。

老師安撫她說：「薯片的事情，我也不太清楚，不過貝莉的確找過我問功課，還提到你也不太懂，請我花時間再教教你呢。」

「至於薯片的事情……」他們身後忽然傳來一把聲音，原來是貝莉聽見他們的對話了，「因為我看到你的**咳嗽**還沒好，所以才不給你的。」

事情終於**水落石出**，回想自己剛才說的話，伊雪紅了臉，感到很不好意思。她對貝莉說：「對不起！我懷疑你不肯幫我、不願意分享，是我太小氣了。」

貝莉笑着回應：「不要緊，我當時應該把原因說清楚的。」

奇洛說：「太好了，誤會解開了，我們也因此學會兩個經濟學概念——公用品和毋用品！」

大家聽到奇洛說錯了，笑着一同糾正他：「是**共用品**和**私用品**啊！」

共用品 VS 私用品

在經濟學上，「物品」是指所有可以滿足我們慾望的東西。例如，米飯可以滿足我們的口腹之慾，而知識就可以滿足我們的求知慾，因此兩者都是物品。不過，若然我們將物品細分為「私用品」和「共用品」，那麼米飯和知識就很不一樣了。

屬於私用品的物品，當一個人使用它時，別人使用數量會減少，米飯和糖果就是私用品。試想想，你從自己的一包糖果中拿出兩顆，然後送給別人，那麼自己能享用的糖果數目，不就是少了兩顆嗎？

屬於共用品的物品，當一個人使用它時，別人使用數量不會減少。知識和煙花匯演都是共用品，因為它們可以共享，而人們享用的數量互不影響。

你問我答

為什麼食物不可以是共用品呢？例如一個蘋果，我將它切開，不就可以與朋友共享嗎？

老師也很鼓勵你們與別人分享自己擁有的，只是共用品的意思不是這樣。

那是什麼意思呢？共用品不是指可共用的東西嗎？

對了一半！共用品是指可以共同使用，但還有「互相不影響大家享用數量」的意思。

那麼我跟別人分享共用品，是否就不會越分越少呢？

對，例如你將你學到的知識跟別人分享，你也不會因此而忘記了那些知識。

經濟小達人訓練

共用品？私用品？

以下哪些屬於共用品？哪些屬於私用品？請將英文字母填在適當的方格內。

共用品	私用品

分工

清潔日比賽的意外

今天是班際**清潔日比賽**，伊雪和三位朋友組成隊伍，代表自己班出戰。

魯飛拿着毛巾神氣地說：「清潔課室，簡單啦！我經常幫媽媽做家務，有我出手，**冠軍**一定是我們奪得的！」

「不要吹牛了！要在半小時內完成抹黑板、抹桌椅、掃地和拖地四項任務，不能只靠一人力量，必須**一起合作**才能完成。」海力回應。

擔任組長的伊雪挺起胸膛，自信地說：「我已經想好了**完美的計劃**：我們集合起來，先專注完成一項任務，然後才開始下一項，這樣一定很快就能完成。」

「這計劃聽起來還不錯，就這麼決定吧！」貝莉點點頭道。

班主任比力克老師開始計時，大家馬上跟從伊雪的指示，拿起毛巾一起抹黑板。可是，黑板前的空間不大，

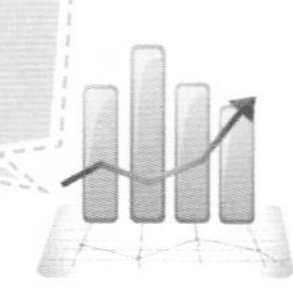

四隻小恐龍八隻手，你擠我、我擠你的，不斷**互相碰撞**。突然貝莉大叫一聲，原來她把腳邊的水桶踢翻了，水流滿一地。

海力生氣地說：「貝莉，你太不小心了！」

貝莉漲紅了臉，嚷道：「都怪魯飛太胖了！他把我往旁邊擠，我才會把水桶踢翻的。」

比力克老師一直在旁觀察着，眼見他們要吵起來了，

於是給了一點建議：「你們有沒有想過利用**分工**來完成任務？分工可以提升**工作效率**。現在時間不多了，如果再用剛才的方法，四人一起去完成單一任務，這可能會出現**人手過剩**的情況，反而會**弄巧反拙**。」

「怎樣分工？一起做不是更快嗎？」魯飛撓着頭說。

「我知道了！」伊雪恍然大悟地説，「大家可否相信我多一次？這次的方法一定行得通的。」

「好吧！」大家異口同聲地説。

「那麼，魯飛你先拖乾地上的水。貝莉，你負責掃地，掃完後，魯飛再把地板拖一次。海力，你負責抹桌椅。而我會抹黑板，之後再協助大家。我們務必在20分鐘內**完成自己的任務**。」

「沒問題！」大家士氣高昂地回應。

20分鐘後，大家都滿頭大汗，終於把課室清潔完畢。雖然他們未能取得冠軍，但老師看見他們由最初的手忙腳亂，最後懂得透過**分工**去完成任務，給他們頒了一個「**臨危不亂**」獎。大家都非常開心，笑得合不攏嘴。

分工是什麼？

分工指在一個生產的過程中，把過程分拆成多個部分，每位員工或每個部門只專注生產某一部分。由於他們對自己所負責的工序很熟練，亦能省卻轉換工序的時間，這時候便能提高生產效率了。

其實分工這個方法不單只應用在清潔課室上，在日常生活中，有很多事情也會透過分工來達致更高效率。例如在快餐店中，有些員工負責製作漢堡包，有些負責炸薯條，有些負責擔任收銀員。

除了提高生產力外，分工還有什麼好處？

分工還能節省生產資源，例如你們一起掃地的話，每人要使用 1 把掃帚，總共需要 4 把掃帚；但分工後，每人只負責清潔的其中一部分工序，這時只需要 1 把掃帚便足夠了。

分工有什麼缺點嗎？

有的。由於各人只負責自己的工序，重複的工作可能會讓人感到沉悶乏味，甚至會影響生產的效率。

所有工作都能運用分工嗎？

分工也有一定的限制，若是講求高度獨特性及創意的生產，便不適宜進行複雜的分工，例如藝術家要設計一件藝術品，由於製作時極具創作性，工作便難以分配給其他人。

經濟小達人訓練

社會上的分工

以下情景中的人物，他們是否在進行分工？如屬於分工，請在方格內加✔。

1. 餐廳裏的員工，有的做廚師，有的做侍應，有的做清潔員。

☐

2. 學校裏有很多老師，他們都是負責授課，有的負責教語文，有的負責教數學，有的負責教體育。

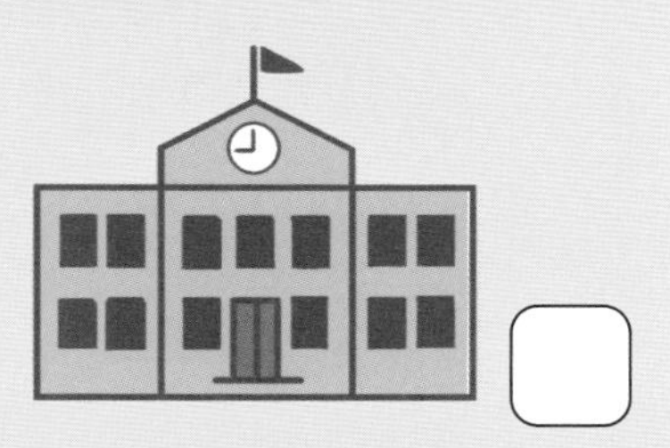

☐

3. 在玩具店內，員工甲將 5 件玩具放入盒裏，然後交給員工乙進行包裝，員工丙將包裝好的玩具放進紙箱內，並寫上客人的地址，將包裹寄出。

☐

4. 陳老闆先把咖啡沖好，然後親自送給客人；待客人離開後，他把桌面清潔乾淨。

☐

工資制度

被罰留堂的魯飛

這天，布加在放學後要參與課外活動，離開學校時，太陽已快下山了。他經過走廊，卻見到魯飛仍在課室裏，正**聚精會神**地做作業。布加好奇地問：「魯飛，怎麼你這個時候還留在課室做功課呢？太陽要從西邊升起了嗎？」

魯飛放下筆，軟攤在桌子上，感歎地說：「布加，你以為我想那麼勤力嗎？如果可以，我寧可放學後馬上回家看電視或睡一覺！」

布加突然明白了：「難道你被老師**罰留堂**了？」

魯飛點點頭，一五一十地將事情的始末告訴布加：「我**欠交功課**，昨天被比力克老師罰留堂了。老師跟我說：『全班只有你一個欠交功課，放學後要留校**一小時**做功課，才可離開！』」

布加聽得一頭霧水，問：「罰留堂是**昨天**的事，怎

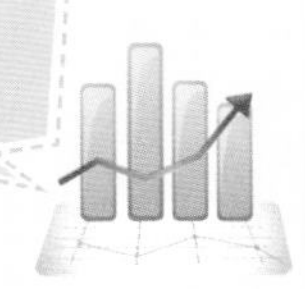

麼你今天還要留下來呢？」

魯飛懊惱地撓撓頭：「唉！我以為老師罰我留堂一小時，那麼只要我在課室留一小時，不就行了？可是，今天老師問我在留堂時有沒有完成功課，我只好答他，一小時不夠用。我說這番話時，確實也有點不好意思，因為我欠的功課，只是幾道簡單的數學題。如果我認真地做，半小時內一定能完成。但老師昨天只要求我留堂一小時，又

沒有規定要完成多少道題目，結果我就坐在課室裏發**白日夢**，時間一到就離開了。」

布加沒好氣地笑説：「真是的，那麼老師一定是因為不滿意你昨天留堂的表現，所以今天再罰你一次吧。」

魯飛點頭説：「對！不只如此，老師還改變了**留堂形式**。因為我昨天不認真完成功課，他罰我做**雙倍題目**，而且今天留堂**不再以時間計算**。他跟我説：『總之，你未完成我給的題目，就不能離開。』」

布加恍然大悟地説：「怪不得你那麼拚命做練習，原來是因為……」

魯飛搶着説：「當然是因為要爭取**早點回家**！布加，你還是不要跟我説話了，我要努力做個好學生！」

布加笑説：「好吧！我就不打擾你了。不過，我勸你下次還是準時交功課，那就不用像現在這麼拚命，也可以做個**好學生**了！」

魯飛兩指擺出 OK 手勢，為了及早離開，繼續專注做老師給他的練習題了。

不同的工資制度

一個人的工作收入有多少，固然與他們的職位、經驗和知識有關，但其實還涉及一個十分重要的因素——工資制度。在故事中，比力克老師採用了兩種不同的留堂方式，其實跟以下介紹的兩種工資支付方式十分相似，它們分別是「計時工資」與「計件工資」。

先說計時工資。在這種制度下，員工的收入多少，是根據他們工作的時間而定，月薪、周薪、日薪和時薪也屬於計時工資。計時工資對員工的好處是收入會較穩定，只要工作指定的時間，就會獲得指定的收入，而不用計較自己究竟完成多少工作。對公司來說的壞處是，若然遇到如魯飛般抱有消極心態的員工，他們可能只是懶散地工作，那麼公司就難以良好運作了。

至於計件工資，根據這種制度，員工的工資與他們的工作時間無關，而是取決於他們完成的工作量，例如工廠工人的工資高低，就是由他們能夠完成的產品數目來決定。計件工資的好處，是員工能透過努力工作賺取更多收入，多勞多得；公司也不需要花時間監察員工有否偷懶，就像魯飛在第二天的留堂時間，會自動自覺地完成題目，因為他希望能早些回家。當然，計件工資也是有壞處的，就是員工收入比較不穩定。

你問我答

計時工資與計件工資，哪個制度較好呢？

各有好壞，亦要視乎是從公司還是從員工角度來看。

如果從公司角度來看呢？

表面上看，計件工資較好，因為員工想賺取更多工資，會更努力工作。然而，公司也要花費金錢，點算員工的產量和計算工資，因為每名員工的貢獻都不一樣。

明白了，那麼從員工角度來看呢？

那就各有千秋了！對於一些希望獲得穩定收入的員工來說，他們會較喜歡計時工資；相反，對於希望能有機會獲取更多收入的員工來說，可以多勞多得的計件工資較適合他們。

經濟小達人訓練

哪一種工資制度較適合？

小寶和奇洛參加了社區中心舉辦的「一日工作體驗計劃」，工作時間是下午二時至五時，參與者可選擇不同的工資制度。請你看看以下的資料，並圈出合適的答案。

工資制度 A	工資制度 B
每工作一小時可獲得一張書券 歡迎留下工作至六時	完成一項工作可獲得一張書券

我相信自己的工作速度比其他人快，可以在一小時內完成多項工作。完成工作後，我要快點回家，五時半會播放我最愛看的卡通片呢！

我的工作速度不快，可能需要一個半小時才能完成一項工作，但慢工出細貨，工時長一點也不要緊，最重要把工作做好！

1. 工資制度 A 採用（計時工資 / 計件工資）

   工資制度 B 採用（計時工資 / 計件工資）

2. 奇洛應選擇（工資制度 A / 工資制度 B）

   小寶應選擇（工資制度 A / 工資制度 B）

擴張
自助洗衣店的分店

星期日，小寶和布加跟爸爸一起去逛街。小寶顧着左右張望，眼睛沒看前方，一不小心就撞在布加的背上。爸爸看見小寶捂住發紅的鼻子，忍不住笑道：「怎麼不看路了？」

「爸爸，我在數街上有多少間自助洗衣店。我發現最近**獅子洗衣店**開了不少分店。你看，前面又開了新分店呢。」小寶解釋。

「說起來，的確是這樣。」布加也望向街上的洗衣店，「由於顧客需要**自助洗衣**，店主不用聘請員工接待客人，這樣就可減低**經營成本**，洗衣價格就可以**便宜**一點，所以自助洗衣店才大受歡迎吧。」

爸爸讚賞他們：「你們的觀察力和分析力都很好。沒錯，若經營成本不高，投資者認為**有利可圖**，便會嘗試開業。有了營運的經驗，店主便可用同一種經營模式

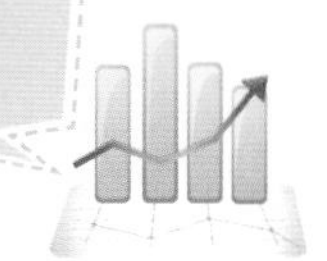

來擴充業務，例如獅子洗衣店再多開一間分店，這就稱為**橫向擴張**。」

「既然有橫向擴張，是否有縱向擴張？」布加問。

「對。」爸爸解釋，「生產可以分為不同的階段，例如造鞋廠負責造鞋，然後供應給鞋店銷售。如果造鞋廠跟一間鞋店合併，這是造鞋廠把業務拓展至**下一個**生產階段，稱為**縱前向擴張**。如果鞋店跟一間造鞋廠合併，

即是鞋店把業務拓展至**上一個**生產階段，這就稱為**縱後向擴張**。」

「原來擴張有這麼多不同的種類。」小寶專心地聽爸爸講解，再往前走了一段路，又看見了另一間獅子洗衣店，「那邊街角處也有一間呢！不過，開那麼多分店會不會有問題啊？」

布加想了想，接着說：「分店開太多也不行呢，之前有一間零食店，也是在短時間內不斷擴張，同一個地區開了三至四間分店，但過了一兩年後，這間零食店的部分分店便**結束營業**了。」

「這可能是零食店的老闆在擴張前沒有好好**計劃**，在初期過度擴張，過了一段時間後，發現無利可圖，只好關閉部分分店。」爸爸摸摸布加和小寶的頭，「其實做生意和做人處事一樣，做事前必須計劃清楚，並且要**量力而為**，否則最後可能會不成功，明白嗎？」

布加和小寶同聲回應：「知道！」

經濟小學堂

擴張有哪些種類？

市場裏有大大小小的企業，企業可以通過擴張來擴大規模。擴張後，企業可降低生產成本及提高生產效率，以提升產品競爭力；與其他廠商結合或可獲額外資源，從而開發新產品或改善產品質素。擴張的方式主要有以下幾種：

橫向擴張

企業用同一種經營模式來擴充業務，或與同一行業的公司結合，例如手袋店開設新分店。

集團擴張

企業把業務拓展至與原有業務不相關的行業，即供應完全不相關的物品，例如一家手袋店與一家餐廳結合。

縱前向擴張

企業把業務拓展至下一個生產階段的物品，例如一家造鞋廠與一家鞋店結合。

縱後向擴張

企業把業務拓展至上一個生產階段的物品，例如一家鞋店與一家造鞋廠結合。

你問我答

橫向擴張有什麼好處？

橫向擴張的好處是提升企業的市場佔有率，從而提升產品在市場的影響力。

縱前向擴張和縱後向擴張有什麼好處？

縱前向擴張的好處是企業能確保銷售渠道充足，維持穩定的銷售點，並協助公司制定較長遠的銷售對策。縱後向擴張的好處是可確保原料供應穩定，減少因原料供應不足引致生產停頓的風險。

那麼集團擴張又有什麼好處？

集團擴張的好處是企業能夠生產不同種類的產品，分散營商風險，令企業的收入變得更穩定。

經濟小達人訓練

擴張的種類

小朋友，請你分辨以下個案屬於哪種擴張吧！

A. 橫向擴張　B. 縱前向擴張　C. 縱後向擴張　D. 集團擴張

1

＋

晴天玩具店收購好味道小食店。

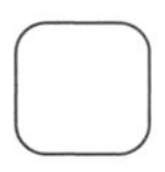

2

＋

美麗西餅生產商與漂亮西餅零售店合併

＋

開心超級市場收購大力超級市場

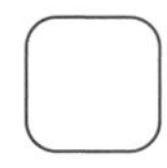

4

＋

大灰熊運動用品商收購小白羊運動用品生產商

需求定律

為什麼巴士乘客變多了？

叮噹！放學的鐘聲響起，奇洛、魯飛和小寶急不及待一起乘巴士回家。到達巴士站後，他們看着眼前長長的隊列，驚訝得張大了嘴巴。

「為什麼今天特別多人乘巴士？我想快點回家啊，媽媽準備了我最喜歡的壽司作下午茶，我還要看卡通片《足球小子》的大結局，不知道會不會趕不上呢？」魯飛擔憂地說。

小寶也疑惑地說：「真的有點**奇怪**，平日的放學時間，不會有那麼多人乘巴士啊。」

「魯飛、小寶，你們看！」奇洛突然指着車站的廣告牌說。小寶看着廣告，恍然大悟道：「啊！原來今天是巴士公司的 **100 周年紀念**，所以這個星期有 50% 的**折扣優惠**，車費減一半，即是由 10 元降至 5 元。」

魯飛眼睛轉一轉，心裏算一算，興奮地說：「嘩！

一星期所節省到的車費，足夠我買**三杯雪糕**了！」

「魯飛，說到吃的，你心算特別快，連我也要**甘拜下風**了。」奇洛不禁笑說。

魯飛嘻嘻笑着，又歪了歪頭：「但我不太明白，為什麼乘車優惠一推出，巴士乘客就變多了呢？」

奇洛想了一會，解釋說：「我記得爸爸跟我說過，

隨着物品的價格轉變，物品的需求量也會改變，這是經濟學上的『**需求定律**』。**車費下降**了，人們認為價格比平日較便宜，所以對乘坐巴士的**需求增加**。」

小寶回應：「原來如此，那麼本來選擇乘搭地鐵、渡輪或其他交通工具的乘客，也可能會因巴士車費減價，在優惠期間改乘巴士，所以今天選擇乘坐巴士的人才相對多了。」

「我明白了，人們也往往會因為減價，增加購買物品的數量。怪不得我上次見到便利店推出**雪糕優惠**，也多買了兩杯呢。」魯飛回想道。

小寶笑道：「魯飛，說到吃的，你的腦筋變靈活了，竟然懂得**舉一反三**！如果這些小聰明可以轉移到學習上就好啦！」

「小寶，你究竟是想稱讚我，還是取笑我？」魯飛裝出生氣的樣子，忽然想到家中的壽司和卡通片，連忙拉着奇洛和小寶，「別說了，我們快點去排隊，希望能擠上這一班車！」

需求定律

小朋友，你有沒有留意到當商店舉行大減價，有時會吸引了更多的顧客？經濟學家觀察到價格和需求之間存有特定的模式：假設其他因素不變，當物品的價格上升，人們對它的需求量就會下降；相反，當物品的價格下降，人們對它的需求量就會增加。這就是經濟學上的需求定律。

故事中的車費優惠也可以引用需求定律來解釋。巴士公司向乘客提供折扣優惠，每程車費價格由10元下降到5元。當價格下降，市民自然會多乘搭巴士，這便符合需求定律。相反，若巴士車費價格上升，市民便會減少乘搭巴士。

經濟學家會利用「需求曲線」來呈現物品價格和需求量之間的關係，這條線可以用直線呈現，也可以用曲線呈現。假設下圖的綠色線是巴士服務的需求曲線，當車費是10元時，會有1,000人乘搭巴士，其交匯點在A點；減價後，車費下降至5元，這時便會有2,000人乘搭巴士，交匯點便由A點移到B點。

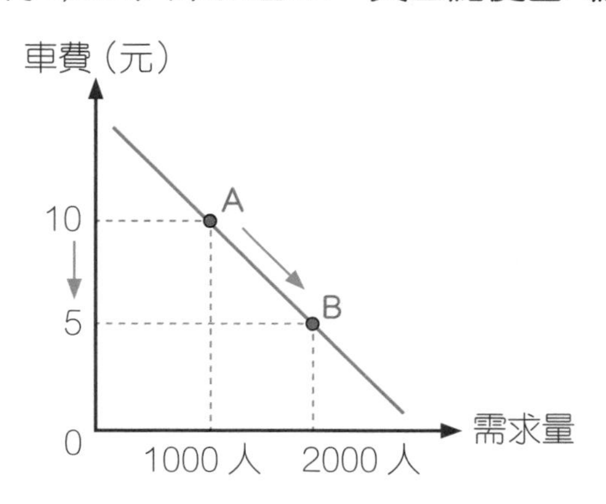

有時超級市場減價後，卻不見顧客增加或大排長龍的場面出現，這是為什麼呢？

這時候，我們要看看超級市場減價的幅度。如果減價幅度很小，未必能吸引到顧客；如果減價幅度很大，顧客覺得商品很便宜，便會吸引很多人前往購買，就好像每年舉辦的大型書展，書商往往提供大折扣，這便吸引了不少市民購書。

根據需求定律，價格下降，需求量會變多。但如果我是商戶，價格下降，就難以吸引我增加供應量，因為未必能獲得利潤呢。

沒錯，經濟學上除了有需求定律外，還有供應定律。價格上升，供應量就會增加；價格下降，供應量就會減少。需求曲線是向右下傾斜，而供應曲線則是向右上傾斜的。

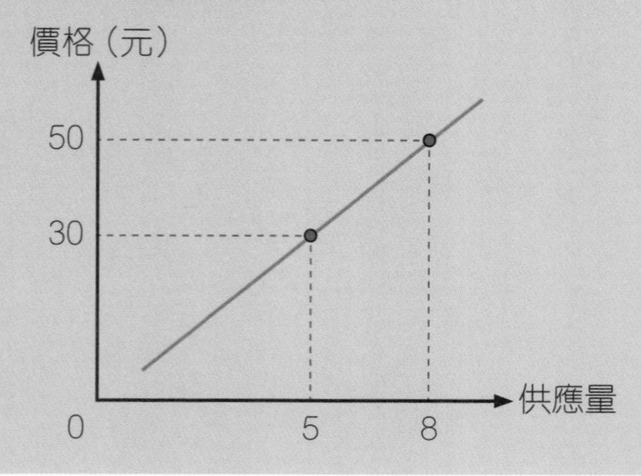

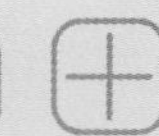

經濟小達人訓練

原子筆的需求曲線

以下是多多購買原子筆的需求表。請你根據下表，在方格圖上畫出一條正確的需求曲線。

多多購買原子筆的需求表

交匯點	價格	需求量
A 點	10 元	1 枝
B 點	8 元	2 枝
C 點	6 元	3 枝
D 點	4 元	4 枝
E 點	2 元	5 枝

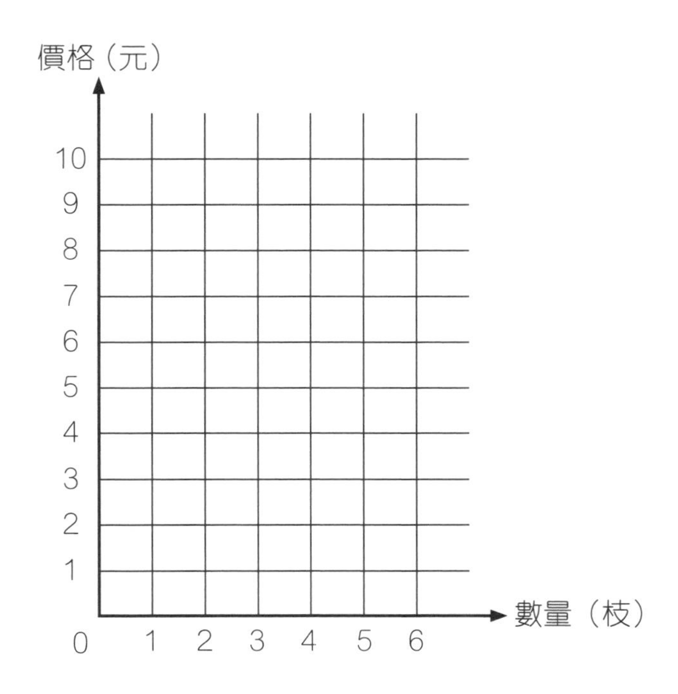

需求與供應改變

口罩價格可升可跌

一種新型疫症突然在全球流行，奇龍族小朋友都不敢鬆懈，注重衞生及戴好口罩。小息時，大家討論着口罩的款式及價格問題。

貝莉興奮地說：「小寶，你看看我的**卡通口罩**，是否比普通口罩漂亮得多？這款口罩是媽媽買給我的，我真的很喜歡！」

「你的卡通口罩雖然很好看，但一定很貴。」小寶吐吐舌頭。

海力點點頭說：「口罩的主要用途是**防疫**，保障我們的健康，因此實用最重要，款式只是其次。小寶、奇洛和我所戴的口罩是同一款式，防護力高，**實而不華**。」

「我這個口罩是昨天買的，**3 元**一個。」小寶笑道。

「我的口罩是在二月時購買的，當時疫症剛爆發，媽媽很辛苦排了 5 小時的隊才買到，而且每 50 個口罩要

350 元，平均 **7 元**一個。」海力回憶起來。

「我的口罩應該是大家之中最便宜的了，每個只需 **1 元**，這是爸爸在一月疫情爆發前購買的。」

「你們三個所配戴的口罩款式明明一模一樣，為什麼**售價不同**？」貝莉不解地問。他們紛紛討論起來，你一言我一語地發表自己的看法，但還是找不出箇中原因，

於是大家決定去找比力克老師問個究竟。

比力克老師聽完他們的疑問，反問他們：「你們有沒有留意到，你們的口罩是在**不同的月份**購買的？」

「我的口罩是在一月購買，海力的是在二月，小寶的則是在四月。」奇洛答道。

老師點點頭，繼續解釋：「在不同時期，口罩的價格會隨着**需求**和**供應**的轉變而改變。一月的時候，疫症尚未爆發，市民對口罩的**需求不大**，所以當時購買的口罩比較便宜。到了二月的時候，疫情開始蔓延，人們紛紛購買口罩，口罩的需求**急速上升**，但**供應量不足**，所以價格提高，而且好不容易才能買到。」

奇洛思索了一會，接着道：「現在是四月，世界各地的廠商都增加**口罩生產**，香港也設立了不少口罩廠。口罩的供應增加，所以價格也開始**回落**，對嗎？」

「沒錯。簡單來說，物品的價格不一定會經常變動，但變動的原因多是因為物品的需求及供應有所改變。」老師總結。

經濟小學堂

需求改變和供應改變

物品的需求量和供應量會因加價或減價而改變，但有時候，這些改變是由價格以外的因素所致的，而這又會導致物品的價格改變。

需求改變就是在各個價格水平上，對物品的需求量都有改變。當物品的需求量上升，價格就會上升；當物品的需求量減少，價格就會下降。例如在疫症爆發初期，市民想購買更多口罩，其需求量上升，於是價格也上升了。

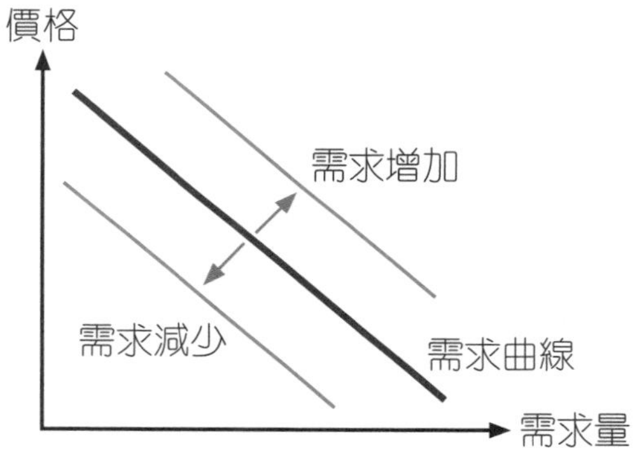

當需求增加，需求曲線向右移動；
當需求減少，需求曲線向左移動。

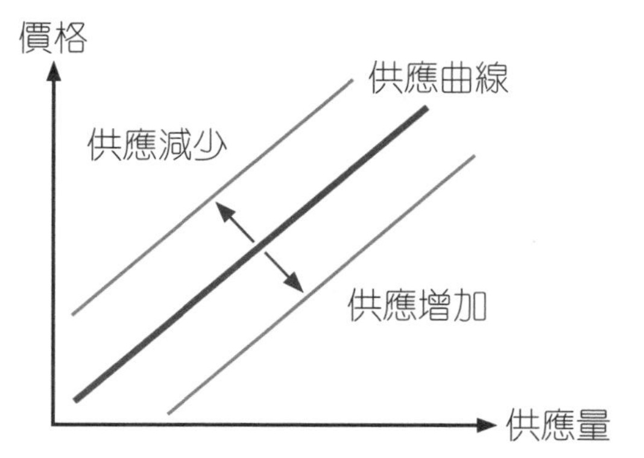

當供應增加，供應曲線向右移動；
當供應減少，供應曲線向左移動。

供應改變則是在各個價格水平上，對物品的供應量都有改變。當物品的供應量上升，價格就會下降；當物品的供應量下降，價格就會上升。例如當口罩製造商為香港供應了很多口罩，其價格便慢慢回落。

有什麼因素會導致需求改變？

導致需求改變的原因有很多，其中三個主要的因素是：

1. 消費者的收入：當消費者的收入增加，需求便會增加，例如喜歡看電影的人收入多了，便會增加到電影院看電影的次數。
2. 消費者對價格的預期：當消費者預期某物品的價格會上升，對該物品的需求會即時增加，以避免將來購買「貴貨」。
3. 消費者的喜好：當消費者對某物品的喜好程度增加，對該物品的需求便會增加，例如一位歌手很受大眾歡迎，大眾對其演唱會門票的需求便會上升。

有什麼因素會導致供應改變？

導致供應改變的原因有很多，其中三個主要的因素是：

1. 生產成本：當物品的生產成本上升，生產者會減少生產；當生產成本下降，生產者會增加生產。如果生產商研發新技術，可令生產成本下降，供應便可提升。
2. 天氣因素：天氣好壞會影響物品的供應，例如颱風來襲，令農作物的收成減少，供應便會減少。
3. 生產者的數目：生產者的數目增加，物品的供應也會增加，就像疫情期間，有些香港廠商投入生產口罩，這時候口罩供應便會上升。

經濟小達人訓練

日常生活中的需求和供應改變

以下的情況顯示出哪些需求或供應改變？請把對應的英文字母填在方格內。

A. 需求上升　B. 需求下降　C. 供應上升　D. 供應下降

1

颱風來襲，農作物失收。

☐

2

「韓風」捲入香港，市民近來熱愛韓式食品。

☐

3

有報導指西式快餐不健康，市民開始減少光顧西式快餐店。

☐

4

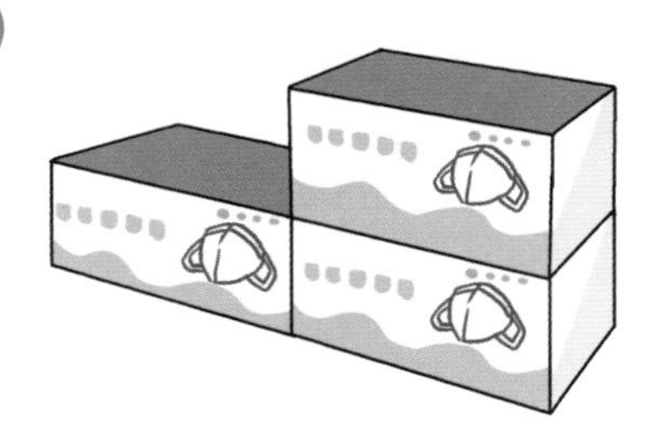

香港開設口罩廠，為市場提供更多的口罩。

☐

有形之手與無形之手

一連五天的考試結束，同學們都鬆了一口氣，過了一個愉快的周末。到了星期一，大家的心情又緊張起來，因為**派卷**的日子到了。上課時，海力雙手合十，閉上眼睛，像祈禱般說：「今次我花了很多時間溫習，希望可以取得好成績啦。」

魯飛拍拍海力的肩膀，說：「不用擔心吧，你向來成績也很好啊。」

海力歎了一口氣說：「你不知道了，上一次我的平均分只是下跌了 0.5 分，媽媽已經很不滿意，她說今次考試我一定要有進步。」

「我真不明白，你一直都很**重視學業**，如果成績退步了，自己就會先緊張起來吧，你媽媽實在不需要再給你添加壓力。」魯飛不禁同情他的好友。

鄰座的伊雪對魯飛說：「但像你就不一樣了。即使

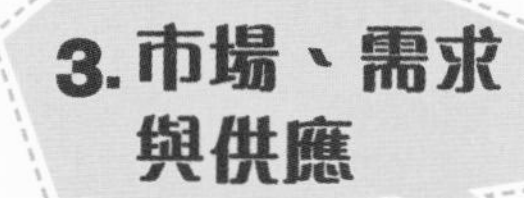

你成績退步，我想對你來說也沒什麼分別。」

魯飛**聳聳肩**說：「那倒是真的，如果不是媽媽經常催促我，我也懶得温習。」

比力克老師聽到了他們的對話，忽然說：「父母究竟應以嚴格還是自由的方式管教，其實要視乎小朋友的性格而定，這就像在經濟學上，究竟應以『**有形之手**』還是『**無形之手**』的方式來解決市場問題，也是要看情況的。」

伊雪疑惑地問：「老師，『有形之手』和『無形之手』是什麼來的？」

老師解釋：「就像魯飛那般，只有在**父母督促**下才會努力温習，這就等於要父母伸出實實在在的『有形之手』來監察和督促。」

「老師，我媽媽不僅用『有形之手』，她還用『**有形之眼**』，經常盯着我，看我是否在温習。」魯飛用手指撐大自己的眼睛說。

伊雪說：「誰叫你這麼懶惰呢！那麼『無形之手』

又是什麼呢？」

「就如海力不用父母督促，成績退步時，會**自我反省**和調節，更努力温習，那麼下次成績就會變好了。父母的**無形幫助**，就是透過給予子女自由，讓他們自行修正，這就是父母的『無形之手』了。」老師解釋。

說到這時，海力焦急地說：「老師，可以快些派發試卷嗎？成績進步了的話，我就什麼『手』都不用了。」

「好的，現在老師不用『無形之手』，也不用『有形之手』，只需要『快手』派卷就行了。」大家聽到老師的話，頓時哄堂大笑。

無形之手如何影響市場？

透過剛才的故事，大家能初步了解「有形之手」和「無形之手」的意思嗎？事實上，經濟學家是會用這兩隻「手」來解釋政府如何處理市場問題。早在 18 世紀，被譽為「經濟學之父」的亞當・斯密（Adam Smith）便提出了「無形之手」的主張，他認為市場這隻「無形之手」，能在政府（有形之手）不參與的情況下，也可良好地運作。

舉例來說，當商店的產品數量太少，令到想購買的人大排長龍，市場可透過自行運作來減少或消除人龍：產品受歡迎，商店自然會提升售價，這時候生產者願意生產更多產品，購買的人數亦會因價格上升而減少，人龍自然消失。相反，產品無人問津，商店就會降價，從而令貨品成功售出。

支持市場這隻「無形之手」的人，認為政府未必完全了解市場的情況、消費者想要購買多少和供應者想要售賣多少。如果政府規定要增加一定的供應量，或者會因增加的數量不多而出現供應不足，或增加過多而出現供應過剩。因此，他們主張政府不用自己的「有形之手」，而是透過市場價格的自由升降來解決問題。

你問我答

既然市場的「無形之手」那麼有效，為什麼有時候還需要政府的「有形之手」干預呢？

市場的確會逐步調節，但是有時候速度會太慢，因此需要政府以較快的速度調整。

除了調整速度外，還有其他原因要出動到政府的「有形之手」嗎？

有的。市場買賣是以價高者得為原則，誰付得起錢，誰就能獲得該物品。因此，如果所有物品都賣得很貴，貧窮的人能買到的東西就會很少。為了幫助他們，政府這時就要出手了。

社會上有哪些「有形之手」的例子呢？

以房屋問題為例，政府除了讓私人地產商興建房屋並在市場出售外，它亦會伸出「有形之手」，主動興建公營房屋，以低價出租或出售，目的就是讓更多市民能負擔得起住屋開支。

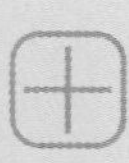

薯片大特賣的煩惱

老師在小息巡視時，發現小賣部經常大排長龍。老師需要撰寫一份報告向校長匯報情況，你可以協助老師完成嗎？請圈出正確的答案。

問題

小賣部售賣的燒烤味薯片大特賣，吸引學生排隊購買，但不是所有學生都能購買得到，因為薯片的供應數量不足夠。

解決辦法 1

學校可以要求小賣部（增加 / 減少）供應量，這樣就是透過（有形之手 / 無形之手）的方式解決問題。

解決辦法 2

學校不作出干預，讓小賣部自行解決。當薯片因太便宜而大受歡迎時，小賣部便可能會（提升 / 降低）售價，以賺取更多收入。薯片的售價更高，一方面會令同學對薯片的需求量（增加 / 減少），另一方面亦會令小賣部願意（增加 / 減少）供應量。這樣就是透過（有形之手 / 無形之手）的方式解決。

外幣與匯率

紀念品不便宜？

每個小朋友都很期待放**暑假**，多多更是每天都盼着暑假快些到來，因為爸爸媽媽答應他和奇洛，這個暑假全家一起到英國**旅行**。

出發的日子終於來臨。這是多多第一次出國旅行，他非常興奮。從到達機場、登上飛機，直至抵達目的地，所有東西對他來説，都是那麼新奇。

到達英國機場後，多多第一件事就是嚷着要買**紀念品**。他説：「小寶姐姐知道我去旅行，説要買手信給她呢。」

多多東望望、西看看，發現機場內有一間**精品店**，便説：「那間商店一定有很漂亮的紀念品。」説畢便一溜煙似的奔向精品店，爸爸、媽媽和奇洛只好跟着他。

多多在店內繞了一圈，很快就發現到目標。「媽媽，這**大熊書籤**多漂亮。」他看看價錢牌，繼續説，「你看，

一張書籤只賣 **10元**，多便宜！」

奇洛搶着說：「這個 10 是指 10 **英鎊**，不是 10 元**港幣**。」

媽媽掏出錢包，讓多多看看英國的紙幣和硬幣。多多問：「媽媽，這是金錢嗎？跟我平時看到的都**不一樣**呢。」

「當然是。平日我們用的是港幣，來到國外就要用

當地的貨幣，即是**外幣**。在英國，我們當然要用英國的貨幣——英鎊。」媽媽回答，「去旅行買紀念品給朋友當然好，但是也要看價錢是否**合理**。」

多多說：「英鎊和港幣，不也都是錢！」

爸爸解釋：「當然不同，要衡量價錢是否便宜，我們要考慮**匯率**，即看看要用多少港幣才能換到 10 英鎊。我記得大概要用 **100 元港幣**才換到。」

多多嘀咕道：「你們越說，我就越糊塗了。」

奇洛說：「即是說，用我們的貨幣看，這書籤的售價是 100 元港幣，根本一點都不便宜啊。」

多多似懂非懂，但他最關心的還是購買紀念品。他轉身向媽媽哀求：「媽媽，求求你，買給我啦。」

媽媽無奈地笑道：「奇洛，不管你說什麼，弟弟都不會放棄的。看在他第一次跟我們出外旅行的份上，我們就買給他吧。」

雖然精於計算的奇洛仍然覺得書籤太**昂貴**，但既然媽媽都這樣說，唯有隨他們吧。

外幣

法定貨幣是指在一個國家或城市裏，獲政府所認可使用的貨幣。以香港為例，1,000 元、500 元、100 元、50 元、20 元及 10 元紙幣，以及 10 元、5 元、2 元、1 元、5 毫、2 毫和 1 毫硬幣，就是香港的法定貨幣了。

當我們想購買其他國家的物品或到當地旅遊時，我們要將港幣兌換成當地的貨幣。例如，到日本旅遊，我們便要兌換日元；到訪英國，就要兌換英鎊。從香港的角度來看，這些貨幣就是外地的貨幣，即是「外幣」。

由於各地貨幣的價值並不同，因此一塊錢的港幣很多時候都不會換取到一塊錢的外幣，而是要視乎彼此之間的兌換率而定，例如 1 美元等於 7.8 港元，這比率就是我們經常聽見的名詞——匯率。

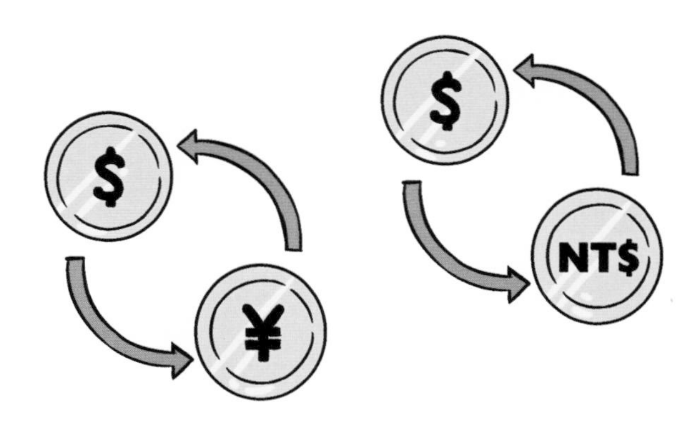

你問我答

旅行前我們要先兌換當地的貨幣，那我們可以到哪裏兌換呢？

一般來說，你可以到銀行和兌換店，按照當時的兌換率購買外幣。

當時的兌換率？這樣說，兌換率可以天天都不一樣嗎？

對呀，原則上兌換率像一般物品的價錢一樣，是可以變動的。

是否所有店鋪都只會接受自己地方的貨幣呢？

大部分是，也有些例外，例如不少澳門的店鋪會接受港元付款。

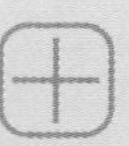

經濟小達人訓練

港幣與外幣的換算

在暑假期間，小寶與布加一家也前往新加坡和泰國旅遊。為了知道是否物有所值，他們每次購物時，都會將價格換算成港幣。以下是他們想買的東西的價格，請你協助他們換算為港幣吧！

外幣兌換率
1 新加坡幣 = 6 港幣　　1 泰銖 = 0.25 港幣

1

10 新加坡幣 = ______ 港幣

2

150 新加坡幣 = ______ 港幣

3
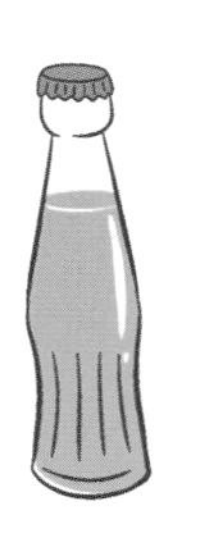

40 泰銖 = ______ 港幣

4

600 泰銖 = ______ 港幣

價格差異的成因

多多的懊惱

放學後，奇洛與多多一起回家，突然一陣「**隆隆**」聲傳來，奇洛看見弟弟正尷尬地摸着肚子，不禁笑道：「啊，原來是我家的『**食物焚化爐**』發出的呼喚聲。」

多多抗議道：「別笑我啦，都怪今天午餐的分量太少了。好想吃**魚蛋**啊！」說罷，他指向前方的「美味小食店」。

「我記得**下個街口**有另一家小食店，那裏的魚蛋比這間店的更便宜更大粒……」奇洛想了想說。

前方的魚蛋**唾手可得**，貪吃的多多已等不及到下個街口了。他迅速奔向美味小食店購買魚蛋，**大快朵頤**。不過，當他們走到下個街口，多多就後悔了，只見那間「舐舐脷小食店」的廣告招牌寫着——「5 元 8 粒大魚蛋」！

「剛才我用 10 元買 5 粒魚蛋，這裏用 5 元就可以

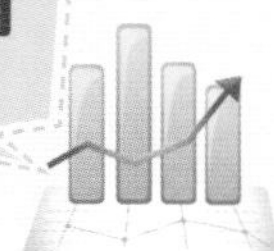

買到**8粒**，真吃虧呀！」多多噘着嘴說。

第二天小息的時候，多多仍然為魚蛋的事情生悶氣。比力克老師見他**悶悶不樂**，便上前問他發生什麼事，多多把昨天的經歷說了出來。老師聽後笑道：「你也不用太失望，或許事情不是你想像般呢？店鋪售賣同一種商品，卻以**不同價錢**賣出，是有很多不同的原因。」

多多疑惑地問：「不就是為了賺更多的錢，才賣得這麼貴嗎？」

老師說：「店鋪當然想賺錢，但也有其他原因影響價格，例如**經營成本**的不同。試想想，在人流較多的地方開店，**租金**通常會較貴，如果店主不以較高的價錢售賣商品，可能會**虧損**呢。相反，在人流較少的地方開店，租金相對便宜，即使定價較低也能維持收入。」

多多想了想說：「那倒是，美味小食店所在的那條街道比較熱鬧。」

老師繼續解釋：「此外，產品的**質素**也會影響價格。例如小食店都售賣魚蛋，但質素並不相同，有些店鋪的用料較新鮮，製成的魚蛋更彈牙可口，那麼即使售價貴一點，人們也願意購買質素較高的。」

「老師，你說得對。」背後突然傳來一把聲音，大家轉身一看，原來是魯飛。「我上次在舐舐脷小食店買魚蛋，覺得味道怪怪的，用料應該很**不新鮮**。」

多多這才綻放笑容說：「原來我一點都不笨，反而**精明**地選了美味的魚蛋吃呢！」

為什麼會有價格差異？

大家或曾見過，相同的物品在不同的店鋪裏，會有不同的售價，究竟為什麼會出現這個情況呢？以下是其中四個可能的原因。

第一，經營成本不同。如故事中提到，有些店鋪的租金較貴，有些則較便宜，為了維持收入和利潤，各店鋪對同一種商品的定價不一定相同。

第二，物品的質素不同。故事中，兩間小食店同樣售賣魚蛋，但由於用料、大小和數量等方面不同，受歡迎的程度有分別，因此定價也不同。

第三，店鋪提供的服務不同。例如，某些店鋪會為客人購買的產品提供一段時間的免費保養和維修服務，那麼即使產品昂貴一些，人們也會願意購買。相反，沒有提供這些服務的店鋪，可能就沒那麼受歡迎，因此產品的定價較低，以吸引顧客。

第四，店鋪的定價策略不同。有些店鋪認為透過較高的定價，就能賺取更多的收入。假設一盒鉛筆的售價普遍為5元，若以8元出售，那麼文具店每出售一盒鉛筆，便可多賺3元了。相反，另一些店鋪則認為物品太昂貴的話，只會令人們卻步；以較低的價格出售，反而能吸引更多人光顧，從而令店鋪獲得更高的利潤。基於策略的不同，相同物品的定價就會出現差異。

你問我答

既然相同的物品在不同店鋪可能售價不同，我們不就應該選擇購買當中最便宜的嗎？

如果是完全相同的物品，這是對的，但我們要仔細看清楚，這是否因為產品品質較差，所以才以較低的價錢出售。

難道我們就不能找到價錢較低、品質又較好的物品嗎？

這是可能的，不過這世界的資訊不是完全流通，因此我們要花較多時間去尋找價廉物美的商品，這些時間的耗費，經濟學上稱為「時間成本」。

沒關係，我的時間多的是呢。

每個人的時間價值都不一樣。有些人較休閒（時間成本較低），他們便較願意花時間格價；相反，有些人的生活和工作十分忙碌（時間成本較高），那麼與其花時間格價，他們寧可付較高的價錢。

購物時，需要考慮什麼？

1 想一想，當你購物時，你會考慮什麼因素呢？請在方格內以 ✔ 表示。

☐ 價格 ☐ 品牌
☐ 質素 ☐ 外觀
☐ 店舖服務 ☐ 其他：＿＿＿＿＿＿＿＿

2 奇洛和爸爸打算購買新的電視機，他們在奇龍電器店看見有兩個合適的選擇，你會建議他們買哪一款電視機呢？

泡泡牌電視機
- 38 吋屏幕
- 超高清顯示
- 3 年免費保養
- 售價：$10,000

津津牌電視機
- 32 吋屏幕
- 普通高清顯示
- 2 年免費保養
- 售價：$7,000

我會建議他們購買 ＿＿＿＿ 牌電視機，
因為 ＿＿＿＿＿＿＿＿＿＿＿＿＿＿＿＿＿＿＿
＿＿＿＿＿＿＿＿＿＿＿＿＿＿＿＿＿＿＿＿＿
＿＿＿＿＿＿＿＿＿＿＿＿＿＿＿＿＿＿＿＿。

價格分歧

為什麼有成人票價和優惠票價之分？

聖誕節期間，爸爸媽媽特意請了一天假期，帶小寶和布加到**主題樂園**遊玩，他們懷着興奮的心情乘坐地鐵前往目的地。由於這天是節日，前往主題樂園的人羣**絡繹不絕**，非常熱鬧。

在等待爸爸購票的時候，小寶仔細地看着主題樂園的收費表，拉着布加說：「哥哥，原來我們的門票比爸爸媽媽的便宜得多呢。」

布加回應：「沒錯，爸爸媽媽需要購買成人的**正價門票**，而我們是小童，可以購買優惠門票，只需支付正價的**一半價錢**。」

小寶高興地說：「做小朋友多好啊，到樂園遊玩時，不用付那麼多錢！」

布加想了想：「除了主題樂園的門票外，我們剛剛乘坐地鐵，也享有**小童優惠**啊。很多時候，小童到電影

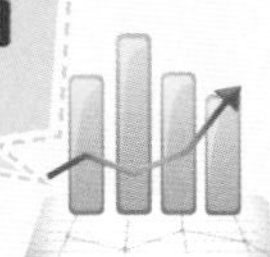

院看電影、到餐廳購買食物，也能享有特定的**折扣**。」

媽媽接着說：「有些商戶也會提供**學生優惠**，只要學生穿着校服，或能夠出示學生証，便會給予他們優惠。在經濟學上，這種行為稱為『**價格分歧**』。」

小寶疑惑地問：「分歧？我和商戶沒有分歧啊。商户給予我優惠，我當然開心，怎麼會跟他們有分歧呢？」

媽媽解釋道：「這不是指意見不合的分歧。價格分歧是指商户出售**相同的物品**，卻向不同的消費者收取**不同的價格**，而當中的價格差異並不是因為**生產成本**不同。就以樂園收費為例，無論是大人或小朋友來遊玩，樂園所提供的設施都是**相同**的，但樂園向成人收取正價，向小朋友則收取優惠價，這就是經濟學上的價格分歧。」

「我明白了。」小寶追問，「可是，為什麼樂園要實施價格分歧呢？這對樂園有什麼好處？」

媽媽答道：「樂園會盡力向顧客收取他們願意付出的最高價格，將顧客分為兒童及成人兩組，成人願意付出的**價格較高**，所以樂園向他們收取一個較高價格，這樣就能賺取更多的收入和利潤。」

這時，爸爸買好了門票過來，小寶牽着他和媽媽的手，快樂地説：「雖然爸爸媽媽的門票比我們貴得多，但你們都願意帶我和哥哥一起來樂園玩，我最喜歡你們了！」

價格分歧

價格分歧是商戶的一種定價方式，商戶向不同的顧客出售相同的物品，卻收取不同的價格，而這價格差異不是由生產成本不同所致的。以下是一些價格分歧的例子：

	相同產品	向不同顧客收取不同價格	成本
地鐵	交通服務	小童和長者享有優惠	相同
主題樂園	樂園設施	小童和長者享有優惠	相同

但要注意的是，並非所有價格差異都屬於價格分歧，必須符合以上所說的特徵才算實施價格分歧。例如飛機的經濟艙和頭等艙票價不同，雖然顧客都是乘搭飛機前往目的地，但頭等艙的座位比經濟艙的舒適，乘客亦能享用更多的服務，因此航空公司實際上提供了不同的產品，而頭等艙的生產成本較高，收取的票價因而不同，加上航空公司沒有將顧客劃分不同的組別，所以這便不屬於價格分歧了。

你問我答

有什麼方法能幫助我們辨認出商戶在實施價格分歧嗎？

你可以記住價格分歧的三項特徵，第一是涉及相同的物品，第二是向不同消費者收取的價格不同，第三是物品的生產成本相同。

商戶要實施價格分歧，需要什麼條件嗎？

商戶必須具備壟斷能力，在市場上面對極少的競爭，就好像鐵路公司和主題樂園。在香港，鐵路公司和主題樂園公司的數目很少，有壟斷市場的能力，所以較容易實施價格分歧。

如果有人用優惠價成功購買小童門票，之後轉售給他人，那麼他們便可享用優惠了嗎？

要有效實施價格分歧，商戶要有能力阻止消費者轉售物品，因此通常會規定顧客購買兒童優惠價的門票後，不可轉售或轉讓給成人使用。

書展門票價格

小朋友，請你閱讀以下的資料，找出價格分歧的三項特徵吧！

書展門票定價 25 元

* 旅客出示有效的旅遊證件，可以 10 元特惠價進場。

1. 相同物品：________________

2. 不同消費者：

   第一類消費者：________________

   第二類消費者：________________

3. 相同生產成本：________________

「松竹梅」效應

爸爸懂「讀心術」

考試結束了，奇洛和多多之前很努力温習，取得了不錯的成績，於是爸爸媽媽帶他們去吃**西式大餐**，作為獎勵。他們雀躍地走進餐廳，剛坐好了，便急不及待地翻揭餐牌，看看有什麼美食。

多多看着餐牌，舔舔嘴說：「終於考完試了，現在可以放開懷抱，盡情地大吃一頓。牛扒、豬扒、沙律和雪糕，我全部都想吃！」

奇洛端出哥哥的模樣，對他說：「多多，你冷靜一點，先看看餐牌有什麼選擇吧。還有，你應該要看看價錢，不要做『**大花筒**』，浪費了爸爸媽媽辛苦賺回來的錢。食物吃不完的話，還會成為『**大嘥鬼**』呢。」

「我知道了。」多多乖巧地回應。

他們在餐牌上看見三個**兒童餐**，食物和價錢都符合他們的要求。奇洛和多多商量了一會兒後，終於決定了

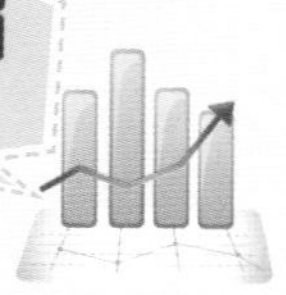

選擇哪個兒童餐了。奇洛把餐牌遞給爸爸，說：「爸爸，可以點餐了，我們想要……」

沒等奇洛說完，爸爸突然插話：「等一等，不如讓我猜猜你們想點哪一個餐吧！」

開心兒童餐

A 餐	80 元
B 餐	100 元
C 餐	150 元

「好！」多多興奮地說，「猜錯了的話，爸爸要額外給我們點甜品！」

爸爸露出笑容，**胸有成竹**地說：「不會錯的，你們選擇了**B餐**！」

奇洛驚訝地說：「爸爸，為什麼你會知道我們想點的都是B餐？難道你懂得讀心術？」

多多也睜大圓圓的眼睛：「讀心術？好像很厲害，我也想學！」

媽媽笑道：「爸爸不是懂得什麼讀心術，他只是利用了**『松竹梅』**效應去推斷你們點餐的喜好。」

「哈哈，被媽媽發現了。」爸爸接着解釋，「『松竹梅』效應是指商店為客人準備了三種**不同價錢的選擇**，例如A、B、C三個餐，在一般的消費模式下，消費者會覺得選擇A餐比較寒酸，而選C餐又會覺得太高消費，因此較多人會選擇**中間價格**的B餐。我就是根據『松竹梅』效應的消費模式，估計你們想點哪個餐。」

「爸爸你真聰明，我們剛剛就是這麼想的。」多多摸了摸肚子，「不過，我們還是快些點餐吧，我已經餓得連松竹梅都想放進口裏去呢！」

經濟小學堂

「松竹梅」效應

「松竹梅」效應是指商店為客人準備了三種不同價錢的產品，「松」為最高價，「竹」為中等價，「梅」則是最低價，而在消費者的選擇中，中等價的「竹」類商品往往是最多人所選擇的。這是因為消費者會覺得選「梅」比較寒酸，而選「松」又覺得太貴，所以較多人會選擇中等價的「竹」，看起來比較得體，又不會太奢侈，這就稱為「松竹梅」效應。

透過運用「松竹梅」效應，商戶可以提升利潤。試想想，若故事中的餐廳只提供A餐（80元）及B餐（100元），而沒有提供C餐（150元）的話，多數消費者會選擇較便宜的A餐，即較多人支付80元，但若餐廳使用「松竹梅」的營銷方法，提供A、B、C三個餐給顧客選擇，那麼多數消費者會選擇B餐，即較多人會支付100元，這樣餐廳便能增加收入，提升利潤了。

你問我答

在日常生活中，其他商戶也會使用「松竹梅」的營銷方法嗎？

在日常生活中，其他商戶也經常使用「松竹梅」的營銷方法。除了快餐店的餐牌外，髮型屋染髮的收費、樂園的全年年票收費等也是運用了「松竹梅」的營銷方法。我們只要留心一點，就不難察覺到商戶的營銷手法。

作為消費者，如果知道商戶使用「松竹梅」的營銷方法時，我們要注意什麼呢？

當我們知道商戶使用「松竹梅」的營銷方法，在選購食物或商品時，我們就要清楚了解自己所需，不要被價格影響了我們的選擇。

明白了！如果最便宜的「梅」是最合自己心意的，那麼也沒有必要為了看來不那麼寒酸而選擇價格較高的。

經濟小達人訓練

設計壽司拼盤

請你根據「松竹梅」營銷方法，設計三盒壽司拼盤，並分別為它們定價。完成後，你可以問問家人和朋友，看看他們會選擇購買哪一盒，並統計一下他們的選擇是否與「松竹梅」營銷方法的結果相符，其後可以向他們解釋這個營銷方法。

A. 玉子

B. 三文魚

C. 赤蝦

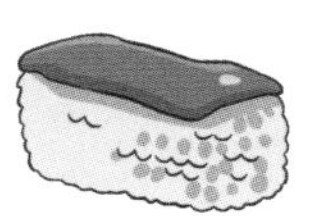
D. 吞拿魚

E. 帆立貝

F. 三文魚子

G. 鰻魚

H. 海膽

拼盤 A

壽司：________________

____

售價：________________

拼盤 B

壽司：________________

____

售價：________________

拼盤 C

壽司：________________

____

售價：________________

小貼士：

1. 當有低、中、高三種價格時，中價和高價的差距大，低價和中價的差距小，顧客會更偏向選擇中價。
2. 不同價格的拼盤，壽司數量可以不一樣。
3. 如果較高價格拼盤包含了較低價格拼盤的壽司，可以減少顧客的選擇困難呢。

綑綁銷售

伊雪想購買的文具

假期快要結束了，奇龍族學園的**新學期**即將展開。各位小朋友正忙於為新學期做好準備——完成作業、清潔書包、檢查校服是否稱身及添置文具。這天，貝莉、小寶和伊雪相約一起到文具店選購**文具**。

店裏擺滿了各式各樣的文具，商品**琳琅滿目**。小寶興奮地説：「**小熊貓系列**推出了新的文具產品，這是我最喜歡的卡通啊！讓我看看這裏有沒有我的『心頭好』！」

伊雪東張西望，架子上一個公主系列的**文具套裝**吸引了她的目光。「你們看，這個文具套裝多漂亮啊！裏面有筆盒、原子筆、橡皮及尺子。」她頓了頓，「不過，我只想買**筆盒**，其他文具仍很簇新，不需要替換呢。」

貝莉看見伊雪苦惱不已，便提議道：「不如我們問問老闆可否只購買筆盒，不購買整個文具套裝吧。」

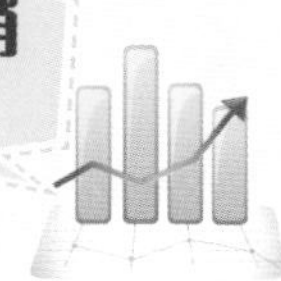

小寶贊成：「好提議！」

於是三個小女孩圍着文具店老闆，伊雪禮貌地問：「老闆！我很喜歡這個筆盒，請問我可否只購買筆盒，不購買整個文具套裝呢？」

「對不起啊，小朋友，套裝不可以分開出售，這是**供應商**的規定。」老闆惋惜地說，「供應商利用這種**綑綁銷售**的方式銷售，對顧客來說真是損失啊。」

三個小女孩異口同聲地問：「什麼是綑綁銷售？」

老闆耐心地解釋：「綑綁銷售是供應商把兩件或以上的產品組合成一個套裝，並以一個套裝價格出售。顧客不能購買當中的單一貨品，必須購買**整個套裝**。顧客不能只買他們喜歡的商品而不開心，我又少了做生意的機會，真可惜呢。」

正當伊雪感到非常失望之際，貝莉突然想到了一個**好方法**。「我本來要添置原子筆和橡皮，而小寶你不是打算購買尺子嗎？」

「對！」小寶點點頭說。

貝莉笑道：「那麼我們想購買的文具，不就是文具套裝內的**全部文具**嗎？完全滿足了我們的要求呢！」

小寶拍拍伊雪的肩膀，爽朗地說：「沒錯，套裝裏的尺子也很漂亮，我下次再買小熊貓系列的文具吧！」

伊雪抱着文具套裝，開懷地笑着：「謝謝你們！這樣我們便能破解綑綁銷售的策略了。」

綑綁銷售

綑綁銷售是指企業把兩件或以上產品組合成一個套裝，並以一個套裝價格出售。在我們的日常生活中，經常也會遇上這種銷售手法，例如一個系列的圖書以套裝形式出售，消費者必須整個套裝購買，不可獨立購買其中一本圖書。

透過綑綁銷售，企業能將一些較不受歡迎的產品連同一些受歡迎的產品共同出售，或令消費者在同一時間購買更多該公司的產品，從而提升利潤。

這款玩具飛機很受歡迎，而玩具車的銷售量卻不太好，把它們作綑綁銷售，就可以提升玩具車的銷售量了。

你問我答

如果企業不斷使用綑綁銷售的模式出售物品，對消費者有什麼壞處？

消費者可能會被迫購買了一些自己不太喜歡的物品，消費者在選購時的選擇也會減少。

企業利用綑綁銷售的方法時，我們須注意什麼？

採取綑綁銷售的商品組合有時會比單價便宜得多，這很容易讓人不知不覺地消費更多，因此我們必須注意是否所有物品都是自己需要的，否則便會購買了一大堆不需要的產品，造成浪費。

嗯！如果不是小寶和貝莉願意跟我一起購買公主系列的文具，那麼我就不會購買那個文具套裝，不然太浪費了。

給你一個 like ！

經濟小達人訓練

選擇適合的套裝

奇洛和多多也到文具店選購開學用品。請你看看他們的需要，為他們選擇適合的套裝。

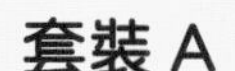

套裝 A　50 元

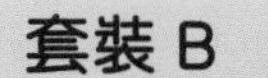

套裝 B　100 元

套裝 C　75 元

我需要購買剪刀和筆盒。

我需要購買水樽和記事簿。

1 你認為哪一個套裝最適合奇洛和多多？

____

2 多多很喜歡套裝 B 裏的書包，你會建議他們購買套裝 B 嗎？為什麼？

____

____

輕推理論

輕輕一推，變胖了！

最近，魯飛的身體出現了一點**異常**的情況。有什麼異常呢？就是他的體形大了一個碼。

海力跟魯飛說：「魯飛，你最近是不是沒有**做運動**啊？我目測你最少重了五磅。」魯飛摸着自己**鼓脹**的肚子，苦惱地說：「明明我每天都有做運動，但不知道為什麼仍然胖了不少。」

說到這裏，上課鐘聲響起了。比力克老師捧了一箱書進來：「有一個推廣閱讀的團體捐贈了很多圖書給學校，我會給每位同學派發三本圖書。這次我有一個要求，就是要你們將圖書放在家中**最當眼**的地方。」

「為什麼呢？我習慣把圖書放在家中書櫃的。」海力不明所以。

「總之，聽老師的話，把圖書放在當眼處。」大家對老師的指示摸不着頭腦，但是唯有照做了。

一個月後，比力克老師在課堂上問：「上次派給你們的圖書，**閱讀進度**怎樣了？」

海力説：「我看了兩本書。」貝莉接着説：「我也看了兩本書。」魯飛不好意思地説：「雖然我只是看了五頁，但也有些進步，我以往只是將書帶回家，連翻都不會翻的。」

「老師，我知道要把圖書放在當眼地方的原因了。」海力興奮地説：「我喜歡看電視，就把書放在電視機旁；魯飛嘴饞，就把書放在小食盒旁邊。圖書都放在經常會看到的地方，大家自然記得要看書。」

老師稱讚海力：「你的觀察力真好。其實在經濟學上，有一個理論名為『**輕推理論**』。它是指我們不一定需要透過很多的獎勵或懲罰來改變一個人的行為，只要轉變一下環境，或提供一些提示，就能**鼓勵**他人作出某些行動。我叫大家將圖書放在當眼處，就是希望你們會容易想起要閱讀。」

此時，魯飛突然大叫：「那我明白我為何變胖了！

以往媽媽總會將零食放進櫃內。但最近櫃子塞滿了其他東西，媽媽就把零食放在大廳的**餐桌**上。就像老師所說，零食放在太當眼的地方了，所以我才吃得那麼多。為了減少這些**引誘**，看來我要將零食收好，放在一個最安全的地方。」

海力問：「哪裏？」

魯飛理直氣壯地說：「當然是我的**肚子**裏！」

輕推理論

輕推理論的「輕推」一詞翻譯自英文「nudge」，原意是「用手肘輕推」，沒有強迫的意思。輕推理論就是指運用細微的鼓勵或提醒等方式，在不強迫別人選擇的情況下，引導人們改變自己的行為。

其中一個著名的例子，就是外國有一間學校，希望學生進食得更健康，於是在校內的自助餐廳中，把蔬菜等較健康的食物放在靠近餐桌的位置，較不健康的油炸食物等則放在較不當眼的地方。整個做法，既沒有獎勵或懲罰，亦沒有禁止學生自由選擇，雖然學生仍然可以選擇只吃油炸食物，但透過這種輕輕調動食物擺放位置的方式，最終學生選擇健康食物的比例竟然大幅增加。

你問我答

為什麼「輕推理論」以「輕推」命名呢？怎麼不叫做「重推理論」呢？

輕推理論所指的不是強迫別人作出某些行為，而是透過細微的提醒、鼓勵或設計，讓人們自發做某件事，所以是「輕輕一推」而非「重推」。

既然不是強迫，那為什麼別人會跟着做呢？

有很多原因。例如，因為一些小提醒，人們記得或有意欲做某件事；因為一些小方便，讓人們更容易完成某件事。以上都是輕推理論能幫助人們改變行為的原因。

輕推理論好像只適用在一些雞毛蒜皮的事上，它能運用在社會大事上嗎？

當然可以。例如英國政府的「輕推小組」曾建議，在發給拖欠稅款的人的信件上簡單加一句「十分之九的人都按時繳納了稅款」，結果政府回收了 2.1 億英鎊的欠款呢！

經濟小達人訓練

輕推理論的應用

根據輕推理論，以下哪些方式較有效來提醒自己作出改變呢？請在正確的方格內加上✔。

1 小寶需要提醒自己明天做練習

- ☐ 將練習放在家中的當眼位置
- ☐ 將練習收到抽屜裏

2 魯飛需要提醒自己每天早上準時起床

- ☐ 每晚臨睡前才調較明早鬧鐘響鬧的時間
- ☐ 一次過調較好每天的鬧鐘響鬧時間

3 媽媽希望減少小朋友看電視的時間

- ☐ 將電視機放在客廳和小朋友的房間內
- ☐ 只保留一部電視機，放在客廳裏

經濟周期

錯過了的電視節目

有一天，魯飛**垂頭喪氣**地走進課室。貝莉見狀，上前問他：「魯飛，發生了什麼事啊？你看起來有些失落。」

魯飛歎了口氣：「昨天是假日，我原本打算早些起牀，看我最喜愛的電視節目《小恐龍看地球》，但是**鬧鐘壞了**沒響。我本來以為錯過了，但是後來我上網查看電視節目表，發現原來我記錯了，節目應該是在**中午**才播放。」

貝莉說：「那不是很幸運嗎？雖然鬧鐘壞了，但錯有錯着，中午你就看到那節目吧。」

「我本來也是這麼想的，節目在中午十二時播出，我在十一時半已經坐在沙發上等待，誰知道⋯⋯」

貝莉問：「難道你又睡着了嗎？」

「我沒有睡着，但最終還是看不到，因為在十一時五十分，家裏突然**停電**了，差不多兩小時後，才恢復電

力供應，節目早已播放完畢。」魯飛垂下眼睛，「這樣失而復得，又得而復失，心情**起起落落**，真令人難受。」

說到這時，海力突然在他們旁邊出現，說：「這個世界就是這樣運作，起起落落很平常。」

魯飛看到海力一副智者模樣，**沒精打采**地說：「我也知道太陽每天都起起落落，你不用故作高深啦。」

海力回應：「不止是太陽，我昨天看了一個有關經濟學的電視節目，介紹**世界經濟發展**。節目提到即使是最發達的國家，在過往幾十年的經濟高速增長時，也出現過很多短期的起起落落，這是正常現象，稱為**經濟周期**。」

貝莉一臉疑惑地問：「經濟周期？好像是很艱深的術語，是什麼意思？」

海力解釋：「一點都不難。那個節目介紹，經濟周期有四個階段。經濟十分好的時期，稱為**繁榮期**；經濟由繁榮開始轉差時，稱為**衰退期**；直到很差的階段，就稱為**谷底期**；最後，經過谷底這個最壞階段後，經濟開始轉好，就是**復甦期**了。」

聽到這裏，魯飛突然像想起什麼似的，眼睛冒光：「你說得對，經歷谷底後，事情就會變好。我突然想起，《小恐龍看地球》的**精華片段**會在電視播放後被上載至網站，雖然不是完整版，至少能夠看到一些內容！」

貝莉見魯飛沒那麼失落，笑說：「太好了！看來你已經由谷底期進入復甦期了。」

經濟周期

經濟周期是指一個長期經濟發展中的短期經濟波動，典型的經濟周期分為四個階段：

繁榮期：又稱高峯期，指一個地方的經濟表現最好的時期。在這個時期，失業率很低，大部分人都能找到工作，市民願意消費，公司生意很好。

衰退期：指一個地方的經濟表現轉差的時期。在這個時期，失業率上升，越來越多人失去工作，市民消費減少，公司生意變差。

谷底期：又稱蕭條期，指一個地方的經濟表現最差的時期。在這個時期，失業率很高，很多人失去工作，市民沒錢消費，公司生意很差。

復甦期：指一個地方經濟轉好的時期。在這個時期，失業率下降，能找到工作的人變多，市民消費增加，公司生意改善。

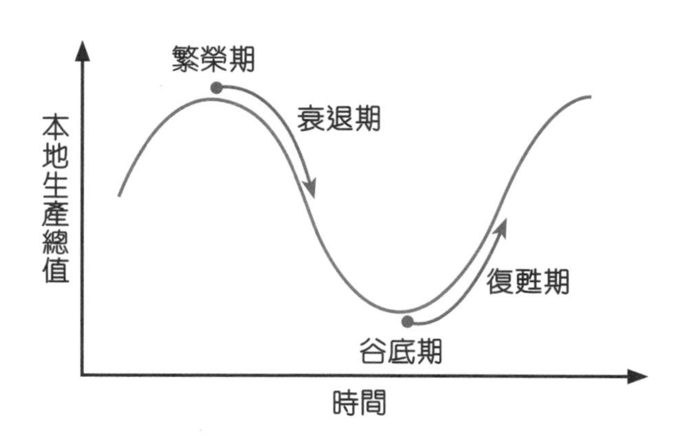

你問我答

經濟周期的四個階段是不是會在指定時間重覆出現呢？如每五年一個循環？

不是的。雖然我們說經濟周期的四個階段會重覆出現，但是發生的時間長短可以是不同的。

經濟周期的起落，對人們的生活是否有影響呢？

當然有。例如在繁榮期，經濟表現很好，公司有很多生意，它們願意聘請更多員工或提高工資，那麼員工便會有更多收入，能夠改善自己和家人的生活。相反，在衰退期和谷底期，人們的生活則艱難多了，公司的生意額下降，可能會辭退員工或減少他們的薪金。

這樣說，繁榮期應該是經濟狀況最好的時期，那我們要怎樣做才能令經濟達到並維持在繁榮期呢？

方法有很多，例如由政府推動，透過減少向公司和個人收取稅款，令人們有更多金錢作投資和消費，從而刺激經濟。

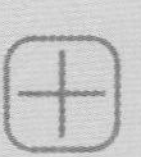

經濟小達人訓練

經濟周期的特徵

請你看看以下的描述，它們屬於經濟周期中的哪個階段？請把代表答案的英文字母填在方格內。

A. 繁榮期　B. 衰退期　C. 谷底期　D. 復甦期

1

失業人士的數目開始增加

☐

2

經濟發展達到最高點

☐

3

大眾消費意欲開始增加

☐

4

經濟表現十分差

☐

互助挑戰的成果

奇洛的**數學天分**很高，亦很願意幫助別人，同學向他請教數學問題，他都很樂意解答。然而，他不太擅長**語文科**，遇到問題時也不習慣向老師和同學發問，以致語文科的成績經常都處於下游。

比力克老師了解這個情況，為了鼓勵同學之間多互相幫助，他向全班提出一個任務：「各位同學，你們將會執行一個為期一個月的『**互助挑戰**』任務。由現在起，當你們得到同學的幫助，如有人教曉你在學業上不明白的地方，你們就要找機會運用自己的**強項**，幫助其他同學。」

魯飛歪着頭想了想，舉手問道：「老師，我沒有強項，那怎樣幫助其他同學呢？」

「魯飛，每個人都有自己的優點，例如你**古靈精怪**，懂得逗別人開心，這就是你的**優點**了。」老師續說，

「如果大家沒有其他問題，『互助挑戰』現在開始！」

當天，碰巧老師給了他們一份難度不低的**數學**功課，海力於是請教了奇洛。得到奇洛的幫助後，海力便接力兌現「互助挑戰」的承諾，幫助貝莉解決**常識科**的學習難題。其後，貝莉又跟伊雪一同**練習口語**，幫助她改善小組討論的能力。就這樣，我幫你、你幫他、他幫她……

一個月後，比力克老師問他們：「你們有沒有發覺，最近在學業上進步了不少呢？」

魯飛驕傲地說：「有！因為我們彼此之間**互相幫助**！」

「沒錯。」老師和藹地笑道，「藉着這次活動，我想教給你們一個概念，名為『**乘數效應**』。」

「老師，為何叫『乘數效應』，而不叫『加數效應』、『除數效應』？」奇洛問。

老師說：「聽我講解後，你就會明白了。這個『互助挑戰』是由第一位同學幫助第二位同學開始，接着由第二位同學幫助第三位同學，再由第三位同學幫助第四位同學，如此類推。原本只是一個助人行為，就**倍增**為十個、二十個助人行為，這就是**正面**的乘數效應了。」

魯飛說：「老師，我明白了，我忽然之間為自己感到十分**自豪**！昨天我幫助了一位同學，那麼根據乘數效應，我已經幫助了二十位同學。」

老師笑說：「對啊，只要你繼續發揮**助人精神**，就會有更多人得到你的幫助了！」

乘數效應

在故事中，奇洛幫助海力，然後海力幫助其他同學，這樣一直持續下去，最後得到幫助的人數會由最初的一個，倍增至多個人。而在經濟學上也有一種乘數效應，它是一種促進經濟發展的理論。我們來看看以下的例子：

小明到小食店，付 10 元買了兩串魚蛋吃，小食店的店主就會多了 10 元的收入；若然他儲起 2 元，將剩下的 8 元花在文具店，買了一枝筆，那麼文具店的店主又會多了 8 元的收入；若然他又儲起 2 元，將餘下的 6 元花費在另一間店舖購物，這又會為另一個人創造了收入。

由此可見，原本小明只是花了 10 元，卻為整個社會的不同人創造了 24 元（10 + 8 + 6）的收入。以上例子說明，適當的消費除了能令自己買到心儀的東西外，還能促進經濟，為社會帶來倍數的收入。這就是乘數效應的簡單描述了。

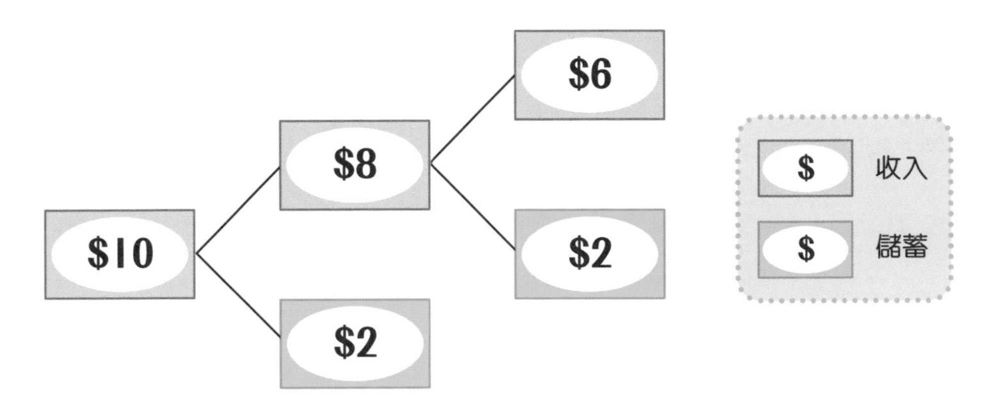

你問我答

乘數效應的影響一定是好的嗎？

乘數效應可以帶來好的影響，也可以帶來壞的影響。例如，當你剛被朋友罵了一頓，心情不好，你又將脾氣發在另一個朋友身上，這樣的效應就不見得是好事了。

那麼在經濟學上，負面的乘數效應又是怎樣呢？

例如，當經濟不佳，人們收入下降時，他們便會減少消費。正因為他們的消費減少，又會令很多店鋪的收入下降。這樣的收入循環下降，就是負面的乘數效應了。

既然消費購物能促進經濟發展，那麼我們是否應多花一點錢呢？

雖然消費確實可以令經濟發展，但並不等於我們可以胡亂消費。留下金錢作儲蓄和把錢用得其所，還是重要的。

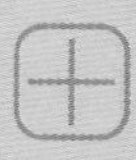

經濟小達人訓練

消費了多少？

小朋友，請你看看以下的情景，並計算出各人的總花費吧！

爸爸到玩具店，用 50 元購買了一個玩具機械人給多多。玩具店店主收到這 50 元後，就到附近的小食店，花了 30 元購買小食，然後把餘下的金錢儲起。小食店的店主則到書店，將收入 30 元的其中 20 元，花在購買體育雜誌上。

所有人的總花費：________________________________

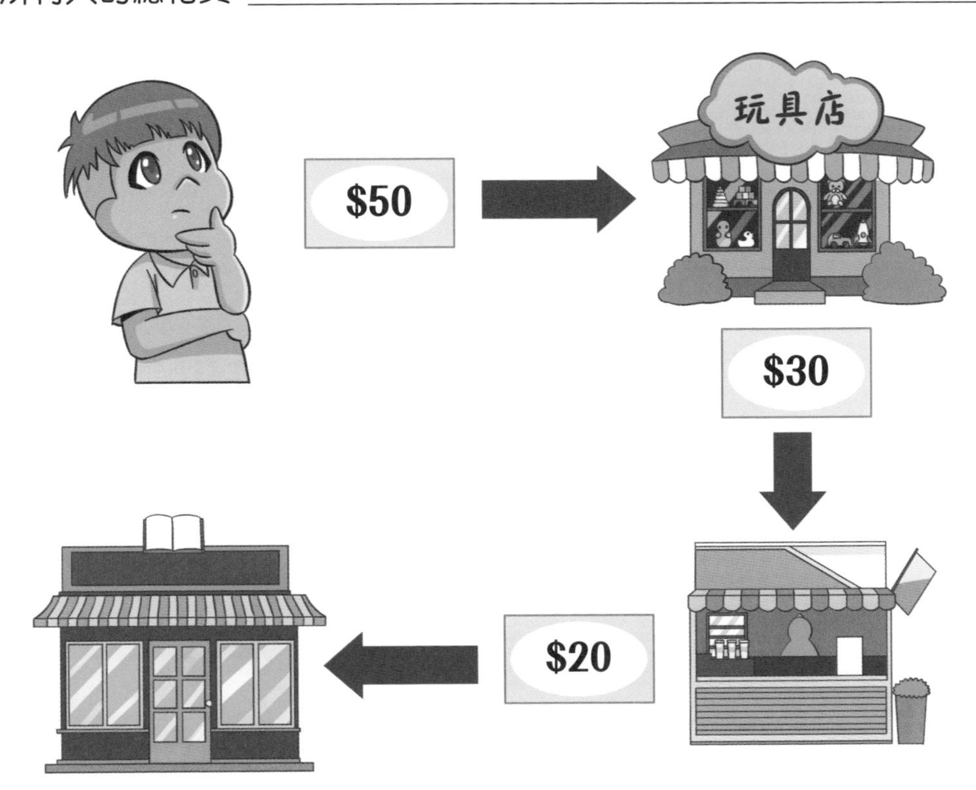

堅尼系數

考試成績的「貧富懸殊」

今天的常識課，迪奧老師準備派回上周考試的試卷，在派發前，老師沉默了片刻，同學們見他**神色凝重**，十分擔心。奇洛心想：「會不會是我們這次的**成績太差**，所以老師生我們的氣了？」

貝莉也想：「這次考試我很努力溫習，表現應該不錯，為何老師像有點不滿意呢？」

大家都緊張得**屏息靜氣**，迪奧老師突然說：「這次考試，你們班成績的**堅尼系數**真高。」

聽了這句話，大家感到更迷惑。魯飛忍不住問：「老師，你這句話是什麼意思呀？什麼『**堅尼地城**』？」

奇洛低聲提醒魯飛：「不是堅尼地城，是『堅尼系數』。」

聽到這裏，不僅是同學，連迪奧老師也被魯飛的一句「堅尼地城」逗笑了，緊張的氣氛稍為緩和。然而，

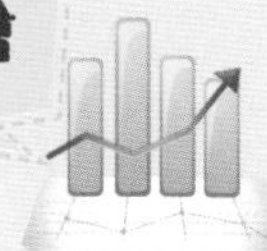

一陣笑聲後，老師又恢復嚴肅的表情，說：「沒有同學知道我在說什麼嗎？我上星期不是跟你們介紹過堅尼系數嗎？」

這時，海力舉手說：「老師，我懂你的意思。」

迪奧老師說：「真的嗎？那你解釋給我們聽聽吧。」

海力說：「老師說過，堅尼系數是一個由**0至1的數值**，用來反映某個地方的人的**收入差距**是否很大。

數值越大，代表這地方貧富懸殊的情況**越嚴重**，有錢人和貧窮人士的收入相差很遠。」

迪奧老師欣喜地說：「海力，想不到你不僅記得什麼是堅尼系數，而且還能解釋得那麼清楚。」

魯飛仍然一臉疑惑：「堅尼系數高？收入差距大？這些跟我們的考試成績有什麼關係啊？」

奇洛解釋說：「堅尼系數是比喻，老師是指同學之間的考試成績差距很大，即有些同學分數很高，有些同學可能得了『**零雞蛋**』。」

迪奧老師點點頭，然後開始派卷了。各人都急不及待看看自己的成績。取得滿分的貝莉十分滿意地說：「我是這班的**富翁**了！」

相反，魯飛看着離合格分數還很遠的試卷，跟前方的小寶說：「照老師說，我是班中的**貧窮人士**。唉……」

小寶安慰他：「魯飛，雖然我的分數也不是很高，但是我們可相約一起温習。我們一起努力，成績一定會進步的！」

堅尼系數

堅尼系數是一個介乎0至1的數值，它是用作反映一個地方（如國家或城市）收入分配情況的指標。世界各地的收入分配情況都不一樣，有些地方的收入差距較大，即有些人非常富有，而有些人則十分貧窮；相反某些地方的收入差距較小，即是人們之間的收入較為接近。

如何使用堅尼系數呢？就是看它的數值高低。數值越高，代表當地的貧富懸殊情況越嚴重，可能會引發社會動盪等問題。因此對社會和政府而言，堅尼系數是一個重要參考，以制定相關的政策。例如，在貧富懸殊的情悅加劇時，政府便要想方法協助低收入人士，提升他們的收入，減少人們的收入差距，從而令社會更和諧。

按稅前和福利轉移前原住戶收入計算，2006年香港的堅尼系數是0.533，2016年上升至0.539，貧富懸殊的問題頗為嚴重呢。

你問我答

如堅尼系數是 0，那代表什麼？等於 1，又代表什麼？

這是兩個極端的情況。如堅尼系數是 0，代表所有人的收入都相同，沒有差異；而等於 1，即是貧富差距極端嚴重，例如一個人賺取了這個社會的所有收入，其他人的收入都是零。

試卷上的分數越高越好，那堅尼系數又是否越高越好？

剛剛相反。堅尼系數越高，收入分配則越不平均。有學者指出，當堅尼系數高於 0.4 這條警戒線，社會的不同階層之間就很容易出現對立。

政府知道貧富懸殊很嚴重後，可以做些什麼來改善情況呢？

短期來說，政府可以向低收入人士提供不同類型的津貼，用以改善生活。長遠而言，政府可提供更多教育和就業的機會，令他們能找到更好的工作，提升收入。

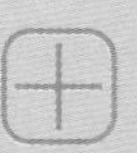

堅尼系數知多少？

請你分辨以下關於堅尼系數的描述是否正確，如果是正確的，請在方格內加 ✔；如果是錯誤的，請在方格內加 ✘。

1

一個地方的堅尼系數越高，代表當地人們的收入差距越小。 ☐

2

如果 A 國的堅尼系數是零，代表當地的收入十分平均。 ☐

3

堅尼系數的數值最低是 1。 ☐

4

堅尼系數的數值最高是 1。 ☐

經濟小達人訓練答案

第11頁：競爭的準則是什麼？

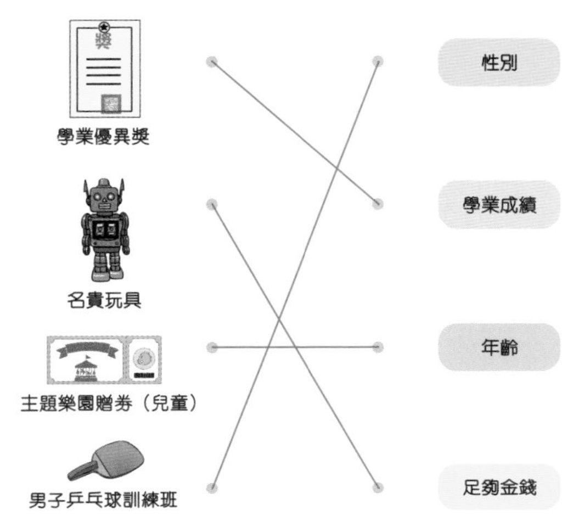

名貴玩具屬價格競爭，其餘屬非價格競爭。

第17頁：分辨免費物品

免費物品：3、4

第23頁：支付利息的例子

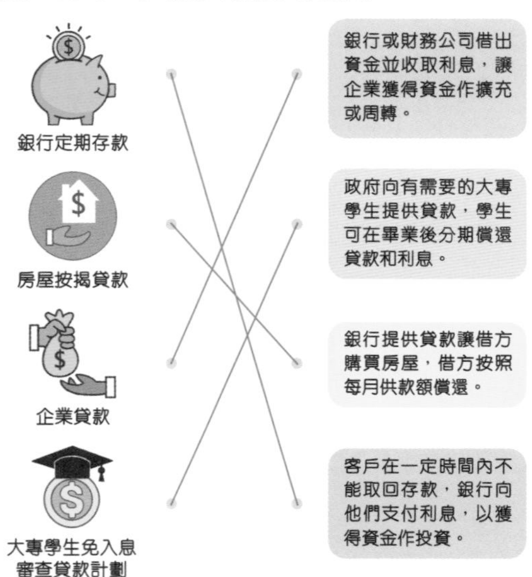

第29頁：布加的一天

非金錢得益（紅圈）：稱讚我是一個乖孩子、獎盃一座

金錢得益（藍圈）：現金獎學金、零用錢

第35頁：共用品？私用品？

共用品：A、B、D

私用品：C、E、F

第41頁：社會上的分工

分工：1、2、3

第47頁：哪一種工資制度較適合？

1. 工資制度A採用計時工資，工資制度B採用計件工資。
2. 奇洛應選擇工資制度A，小寶應選擇工資制度B。

第53頁：擴張的種類

1. D　2. B　3. A　4. C

第59頁：原子筆的需求曲線

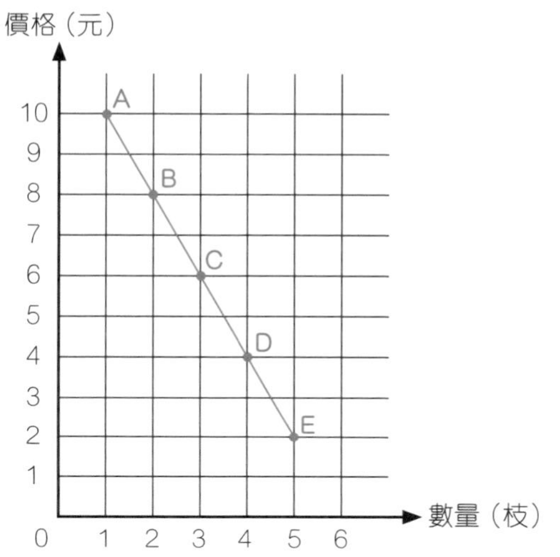

第65頁：日常生活中的需求和供應改變

1. D　2. A　3. B　4. C

第71頁：薯片大特賣的煩惱

解決辦法1：增加；有形之手
解決辦法2：提升；減少；增加；無形之手

第77頁：港幣與外幣的換算

1. 60港幣　2. 900港幣　3. 10港幣　4. 150港幣

第83頁：購物時，需要考慮什麼？

1. 自由回答
2. （參考答案）我會建議他們購買泡泡牌電視機，因為這電視機的售價雖然較高，但規格較佳，而且免費保養時效較長。

第89頁：書展門票價格

1. 參觀書展
2. 能出示有效的旅遊證件的旅客；普通香港市民／不能出示有效的旅遊證件的旅客
3. 舉辦書展的成本

第95頁：設計壽司拼盤

自由回答

第101頁：選擇適合的套裝

1. 套裝C
2. （參考答案）不建議，因為書包不是他們需要購買的開學用品，套裝B也沒有奇洛需要的剪刀和筆盒。

第107頁：輕推理論的應用

1. 將練習放在家中的當眼位置
2. 一次過調較好每天的鬧鐘響鬧時間
3. 只保留一部電視機，放在客廳裏

第113頁：經濟周期的特徵

1. B　2. A　3. D　4. C

第119頁：消費了多少？

50 + 30 + 20 = 100元

第125頁：堅尼系數知多少？

1. ✘　2. ✔　3. ✘　4. ✔

奇龍族學園

經濟知識大探索

作　　者：馮漢賢　陳文強
繪　　圖：岑卓華
策　　劃：黃花窗
責任編輯：陳志倩
美術設計：劉麗萍
出　　版：新雅文化事業有限公司
香港英皇道499號北角工業大廈18樓
電話：（852）2138 7998
傳真：（852）2597 4003
網址：http://www.sunya.com.hk
電郵：marketing@sunya.com.hk
發　　行：香港聯合書刊物流有限公司
香港荃灣德士古道220-248號荃灣工業中心16樓
電話：（852）2150 2100
傳真：（852）2407 3062
電郵：info@suplogistics.com.hk
印　　刷：中華商務彩色印刷有限公司
香港新界大埔汀麗路36號
版　　次：二〇二一年十月初版

ISBN : 978-962-08-7862-6

18/F, North Point Industrial Building, 499 King's Road, Hong Kong
Published in Hong Kong, China
Printed in China

鳴謝：
本書表情符號小插圖由Shutterstock 許可授權使用。